QING SHAO NIAN KE XUE TAN SUO YING

青少年科学探索营

奥秘世界谜团

李 勇 编著 丛书主编 郭艳红

飞碟：真实的UFO事件

汕头大学出版社

图书在版编目（CIP）数据

飞碟：真实的UFO事件 / 李勇编著. -- 汕头：汕头大学出版社，2015.3 （2020.1重印）

（青少年科学探索营 / 郭艳红主编）

ISBN 978-7-5658-1642-0

Ⅰ．①飞… Ⅱ．①李… Ⅲ．①飞盘—青少年读物 Ⅳ．①V11-49

中国版本图书馆CIP数据核字（2015）第025971号

飞碟：真实的UFO事件　　FEIDIE: ZHENSHI DE UFO SHIJIAN

编　　著：李　勇
丛书主编：郭艳红
责任编辑：胡开祥
封面设计：大华文苑
责任技编：黄东生
出版发行：汕头大学出版社
　　　　　广东省汕头市大学路243号汕头大学校园内　邮政编码：515063
电　　话：0754-82904613
印　　刷：三河市燕春印务有限公司
开　　本：700mm×1000mm　1/16
印　　张：7
字　　数：50千字
版　　次：2015年3月第1版
印　　次：2020年1月第2次印刷
定　　价：29.80元
ISBN 978-7-5658-1642-0

前　言

科学探索是认识世界的天梯，具有巨大的前进力量。随着科学的萌芽，迎来了人类文明的曙光。随着科学技术的发展，推动了人类社会的进步。随着知识的积累，人类利用自然、改造自然的的能力越来越强，科学越来越广泛而深入地渗透到人们的工作、生产、生活和思维等方面，科学技术成为人类文明程度的主要标志，科学的光芒照耀着我们前进的方向。

因此，我们只有通过科学探索，在未知的及已知的领域重新发现，才能创造崭新的天地，才能不断推进人类文明向前发展，才能从必然王国走向自由王国。

但是，我们生存世界的奥秘，几乎是无穷无尽，从太空到地球，从宇宙到海洋，真是无奇不有，怪事迭起，奥妙无穷，神秘莫测，许许多多的难解之谜简直不可思议，使我们对自己的生命现象和生存环境捉摸不透。破解这些谜团，有助于我们人类社会向更高层次不断迈进。

其实，宇宙世界的丰富多彩与无限魅力就在于那许许多多的难解之谜，使我们不得不密切关注和发出疑问。我们总是不断地去认识它、探索它。虽然今天科学技术的发展日新月异，达到了很高程度，但对于那些奥秘还是难以圆满解答。尽管经过古今中外许许多多科学先驱不断奋斗，一个个奥秘被不断解开，推进了科学技术大发展，但随之又发现了许多新的奥秘，又不得不向新问题发起挑战。

宇宙世界是无限的，科学探索也是无限的，我们只有不断拓展更加广阔的生存空间，破解更多的奥秘现象，才能使之造福于我们人类，我们人类社会才能不断获得发展。

为了普及科学知识，激励广大青少年认识和探索宇宙世界的无穷奥妙，根据中外最新研究成果，编辑了这套《青少年科学探索营》，主要包括基础科学、奥秘世界、未解之谜、神奇探索、科学发现等内容，具有很强系统性、科学性、可读性和新奇性。

本套作品知识全面、内容精炼、图文并茂，形象生动，能够培养我们的科学兴趣和爱好，达到普及科学知识的目的，具有很强的可读性、启发性和知识性，是我们广大青少年读者了解科技、增长知识、开阔视野、提高素质、激发探索和启迪智慧的良好科普读物。

目 录

飞碟的发现与记录

学生发现飞碟

1980年11月11日晚22时，武汉大学空间物理系1977级、1978级学生王潮、潘星、吕贺等几十人在操场上玩，突然他们看到一椭圆形飞行物从东北方向约40度仰角处缓缓飞来，在头顶上空转一小圈后，改向西偏南10度方向飞行。飞越头顶时，仰角约为80度。

飞行物带有4盏灯，两黄两白，相对排列。其中，黄灯始终亮着，而白灯一亮一灭，周期约为1.2秒。飞行物本身较暗，但靠这

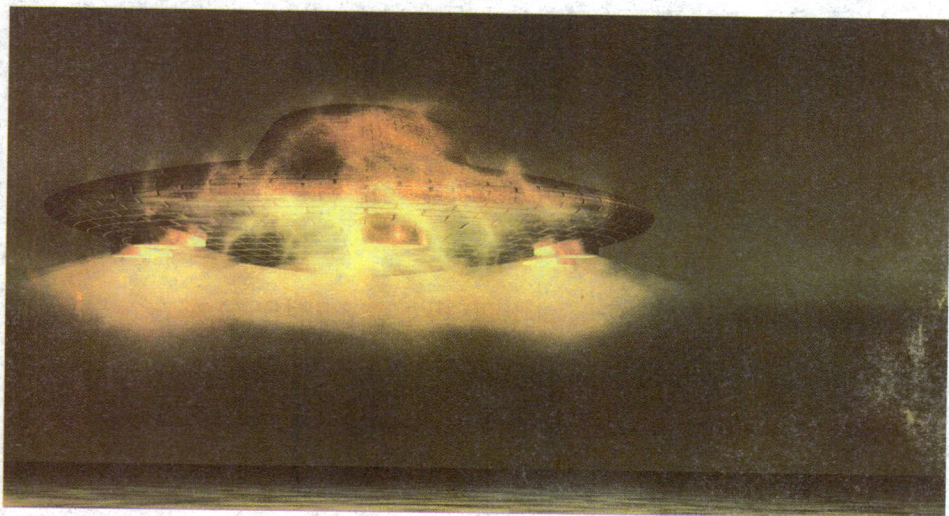

4盏灯发出的光可看出飞行物转弯时发生顺时针自旋，4盏灯也跟着同时旋转，一会儿停了下来，飞行物速度极慢，约15分钟后消失在远方……在这一目击案发生前45分钟，西安市民也发现了草帽状的飞碟。

UFO专家的断定

这两起发生飞碟事件的地区相距只有100千米；出现的时间也相近，只相差45分钟；形状相似，并且是草帽状与中心向外凸起的圆碟；光色相同，均为黄、白两种颜色；均有自旋等。UFO专家根据这些现象断定，这很可能是同一个飞碟在地球上活动。

中学教师的观察记录

"8月27日夜空无云，能见度极好。19时55分左右，一不明飞行物由西北方向朝东南方向飞行。飞行物呈橘黄色，由一中心极亮点与一螺旋光环组成，在其周围有3圈呈螺旋形的烟雾状光晕，呈顺时针方向以大约两秒钟一周的速度旋转，光晕呈淡黄色，并且飞行物无声响，飞行速度很快，大约在半分钟后消失……"这是上海市光华中学教师张征庸记载的观察记录。

天文界的看法

上述现象发生后，一些人士谈了自己的看法。中国科学院上海天文台发言人认为："根据不明飞行物的形状和运动方式可以肯定，这个物体不是飞机，也不是流星和彗星。另外，也不排除不明飞行物是地球及大气本身产生的一种自然现象的可能性。"美国得克萨斯州航天工程师詹姆斯·奥本格认为上海附近人们所看到的不明飞行物和日本发射的火箭有密切关系。

对于这种现象，既然有如此多的目击者在不同地点看到，这不是幻觉，此飞碟飞行时有下降阶段，然后又有上升阶段，飞机未能追上，从西北往东南飞，有橘黄色而且无声，这能是日本的火箭吗？因此飞行物到来产生停电效应，并且螺旋状轨迹飞行

等，与国际上飞碟案例十分相近。因此，UFO研究人士认为，上海这一案例应是真正意义上的飞碟而不应是地球人造飞行物。

科学研究小组成立

由美国、日本等国家的9名科学家组成的一个科学家小组经过多年的研究认为，尽管没有明显证据证明不明飞行物对地球有什么企图，但他们认为，一些关于不明飞行物的报告仍有进一步研究的价值。这次研究，是由斯坦福大学物理学家彼得·斯特罗克带头的科研小组在1970年开始研究的。据该小组的专家说，他们是最早对不明飞行物进行独立研究的。他们得出的结论是，尽管他们对大量关于不明飞行物的报告很感兴趣，但多年来，公众与科学界却一直没有重视对该领域的研究。

科学小组成员的讨论

来自科罗拉多州博尔德的科学家托马斯·霍尔泽是该小组的成员之一，他承认他无法相信外星人能从飞行的球体上观察人类的说法。但他指出，他们在研究中仍然发现了一些无法理解的现象，主流科学家应该努力弄明白这些现象。他们研究的材料包括人们拍摄到的不明飞行物的照片。

科学家们认为，他们收到的一些报告耸人听闻，但这些是因为过去没有人对此领域做出严肃的研究所致。科研小组认为，以往科学界对不明飞行物太感兴趣，是因为受当时科学技术条件的限制，也因为很多科学家认为不明飞行物的现象更像一种精神现象，而不是科学现象。但随着科学技术的发展，人们应该能从不明飞行物研究中学到更多的东西。

未来的科学研究

许多年前，人们报告了大量不明飞行物现象，这些报告对很多领域的研究有益，包括对骗术、幻觉、行星、恒星、流星、云

的形成，秘密飞行物以及外星飞行物等的研究。

据这些科学家说，法国的太空研究机构已经决定出资支持深入调查不明飞行物现象，并建议成立一个国际研究机构，以便对那些具有前景的不明飞行物报告进行研究。研究小组的科学家们指出，他们觉得有一种社会责任感驱动着他们做这方面的研究，因为不明飞行物报告对社会确实有着重要意义。

延 伸 阅 读

有人认为，飞碟可能纯属人们的心理现象，它产生于个人或一群人的大脑。飞碟现象常常同人们的精神心理经历交错在一起，在人类大脑未被探知的领域与飞碟现象间也许存在某种联系。这种心理使他们常常容易产生幻觉。

奇怪的发光体飞碟

护林青年看到白色物体

长白山横贯吉林省东南部和黑龙江东南部，老爷岭、张广才岭是长白山的主要支脉。山中长有茂密的森林，是飞碟多发区域。

1984年1月28日20时，长白山一位名叫金玉善的护林青年看到护林工休息的小木棚上空突然出现了一个吊环一般的白色物

体，它在飞快地旋转，并且越来越大，渐渐向树顶降下。

当时，在漆黑的夜空中映着这样一个乳白色的圆圈，景象十分好看。吊环徐徐下降，变成了一个救生圈一样的发光体。它继续旋转，轮廓越来越清晰，上面没有任何附属装置，只是圈内的线条有些模糊。它在飞行时没有声音。由于害怕，护林青年躲进了小屋，以后就不知吊环的去向了。

发光体是飞碟吗

这起飞碟案中，由于救生圈状的发光体轮廓清晰，并且旋转、无声，显然不可能是坠落的飞机或气球。那么，到底是什么呢？人们自然会想到飞碟。

年轻人发现黑色物体

1985年那个炎热的夏天，学生丹雷·戈霍与中学同学施默赫、拉费格尔、巴德巴卜一起到郊外林地兜风。

　　21时，只见天空中有几片白云，转瞬间便能看见两道橙红色的光。在两道光之间，斜卧着一个黑乎乎的物体。一会儿，白色的光球飞近了，竟是一个庞大的发光物。它的两束夺目的光不停地在移动扫射。

年轻人不省人事

　　4个年轻人随即卧倒在地，屏息凝视，当光芒射到他们身上时，伴随着一阵剧烈的烧灼感，他们立即不省人事了。

　　他们醒来时已是23时20分。翌日，他们向附近的民卫队报告了昨夜的经历，值班队长阿里赫中尉立即向上级做了报告。

调查事故现场

　　第二天16时，阿里赫中尉带着几名队员跟随丹雷·戈霍等人到事故现场进行调查。4个年轻人一会儿蹲下，一会儿卧倒，重新表演了那天夜里的情景。到了傍晚时分，他们4人的脸部和胳膊开始发痒，并泛出红色，好像皮下出血，来到市立医院求诊，大夫说是由强光照射过久或大火炙烤的结果。

更显精确的测量

为了获得确切的证据，1985年9月8日上午，阿里赫中尉又把4个年轻人带到现场，同去的还有一位叫穆吉姆的民航局工程师。

他用盖草仪、水准仪、照相机等器材精确地测量了飞行物的位置及放射现象，结果表明：地面那个直径为3米多的圆圈范围内有焙烤症状，土壤中的沙粒都已经玻璃化，深度达0.1米。同时，盖草仪的指数显示，焙烤圈内有明显的放射线反应，有光束扫射过的地面和树干上也有轻微的放射线反应。而从圈内取出6盒样土和杂草标本经过化验，证实土壤中的碳遭遇过严重破坏，有明显的玻璃化外形，土壤中有放射线现象。杂草受到过焙烤，水分严重缺

损。穆吉姆工程师当即判断出他们所说的那怪物是UFO。

飞碟的壮观场景

1950年3月17日夜，素来宁静的美国新墨西哥州的法明顿小镇突然沸腾了起来。在晴朗的夜空中，一大群像碟子一样的东西悬在那里，光彩熠熠，纹丝不动。云彩正在它们身边移动。

面对这一从未出现过的奇异景象，人们惊慌失措了，不知道该怎么办才好。人们纷纷涌上街头，翘首仰望天空，人数多达5000余人。一种不祥的阴影笼罩在人们心头，妇女在祈祷，小孩在啼哭。市长格劳为了证明这不是梦，他大声地数着那些碟形物，天哪，居然有500个之多。突然，似乎像接到统一的命令一样，悬停在夜空的飞碟组成一个美观的

队形，倏然向东而去。

这些飞碟是从哪里来的，又要到哪里去？没有人知道其原因，欲知道真相还需要科学家去探索研究。

延 伸 阅 读

安徽省金寨县吴家店镇的东高村从2011年4月上旬开始，每隔一个月左右上空就会出现一次不明飞行物，先后出现了4次，最近一次是在同年7月1日的晚间。一时间，当地村民议论纷纷，都怀疑是传说中的飞碟。

飞碟的识别与研究

发现脸盆形飞行物

1963年秋，人们在坐落在太行山区的山西省蒲西县发现了一个脸盆形飞行物，当时大陆与台湾当局关系非常紧张，好多人把这起事件误以为是"蒋特登陆信号"。

这年秋天的一天晚上，大约21时，天空中突然飞来一个如同脸盆的不明发光飞行物，它呈圆形，发出刺眼的白光。目击者说："飞行物略呈抛物线状迅速飞过，飞得很低，看上去似擦山头而过。"

是大型信号弹吗

蒲西县县委宣传部的武尚文、贾保晋、史列娃、史洪生当时都在场，他们都认为是"潜伏特务打的大型信号弹"。于是动用了武装民兵进行搜索，还向县公安局汇报了案情，可县公安局和民兵经过搜索却没有发现什么。

但有人认为这是一次飞碟来到地球的事件，并非台湾当局的信号弹。事实究竟如何，至今还是个谜。

怎样识别飞碟

我们不能盲目地把一切无法解释的现象都归为是飞碟来到地球上所引起的，而必须有分析、有鉴别地去认识不明飞行物，因此，我们必须不断提高对飞碟的识别能力。有的飞机轨迹、火箭残骸、卫星垃圾等物体的表现与飞碟的表现极其相似，也容易使人产生错觉。

比如飞机飞行的轨迹就十分像飞碟的光迹；有人在夜晚看到红色闪光物在黑色的夜空中飘忽不定，怀疑是飞碟，后来它渐渐下落，才发现是被放风筝人收回去了，原来是只加了灯的风筝。

另外，某些飞碟可能是秘密武器。比如，有一种新型飞艇，外形像一个圆盘，结构紧凑，重量轻，既能垂直升降，又可在超低空飞行以避免雷达跟踪。而且，飞艇上有大功率电子侦听设备和大型干扰机，十分适合军事侦察之用。

还有一种新型飞机，机身细长，机翼像一个扁平的大圆盘，和机身连在一起可以做各种角度的转动，甚至可以调转机身，反

方向飞行。而且，由于它的机翼面积大，也可以在低空飞行。这些情况与传说中的某些飞碟非常相似。

从报道第一个飞碟至今，40多年过去了，从来没有一个人找到一个天外来客的一点真凭实据。然而，不少人还寄希望于飞碟，想在飞碟身上看见天外来客的影子。

苏联的研究

多年前，苏联科学院对某些飞碟现象进行了研究。他们的考察表明，在一定的条件下，大气中会形成碟状的湍流，体积可达100立方米。这些碟状湍流的密度和温度等特性都与周围大气不同，它们可以维持较长时间，并在气流的作用下移动。

它们最常出现的大气性质有明显改变的区域，比如山坡的迎风面就可能是这样的地方。倘若在阳光下或月光下看，它们就成为传说中的飞碟了。每当看到不明飞行物时，一定要与自然现象、飞机轨迹、火箭残骸以及卫星垃圾等区别清楚，不能一概认为是飞碟事件。

飞碟与飞机的区别

飞机机型无法实现超平衡力，飞机的机头、机尾和机翼就像跷跷板，让科学家费尽心机增加了多余的装置，加大了重量，加大了能量消耗。而飞碟的结构做到水平、水准，起飞后具有超平衡力。飞机机型无法具有超音100倍的飞行速度，机身面对超大的阻力产生强烈的高温，而高温激波又不能及时分散，使飞机面临毁灭的危险。如果飞机采用耐高温材料，又会增加重量，增加

了能量消耗。飞碟采用高密度、坚固、耐高温的材料，22层隔热棉、10米宽的缓冲区能承受外界小陨石撞击物。飞碟冲破阻力，激波将撞击力抛向周围，两秒钟内将热量分布均匀，并使大量的热能转换成电能，把多余的电量储蓄，释放出飞碟所需的电力，实现自然等离子体助推力。

飞碟能有如此大的速度是人们无法想象的，也是人们不理解的现象。相信在不远的将来，科学家会给出合理的解释。

延 伸 阅 读

激波，也称为冲击波，是指在气体、液体和固体介质中，应力或压强、密度和温度等物理量在波阵面上发生突然变化的压缩波。通常指核爆炸时，爆炸中心压力急剧升高，使周围空气猛烈震荡而形成的波动。

飞碟的形状与目击

盘状的红色物体

1960年4月12日，美国路易斯安那州拉塔帕的一位目击者报告说，他曾看到一个盘状的红色物体从南面很快地飞过来，在离他大约有300米远的地面上触地，发出了很响的爆炸声，当时有很多人都听到了。他还看到了一团火焰，这个物体向东弹了一下，又升起来向西飞去，然后便消失了。

调查人员发现，现场有9处痕迹，同时还发现了一种像金属漆一样的物质。

带孔圆盘状飞碟

1979年夏，四川省云阳县角龙区供销社干部谭舟成看到了圆

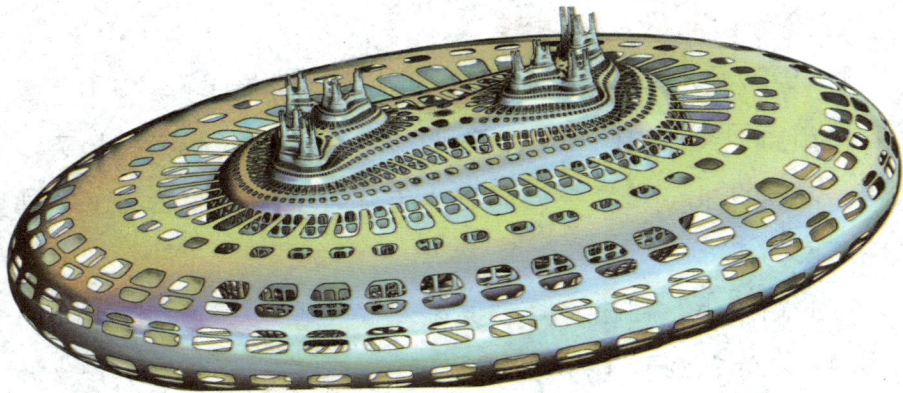

盘状的飞碟在川东云阳上空盘旋。

7月28日5时，云阳县上空出现了一个碟状的不明飞行物。谭舟成看到飞行物呈银白色的圆盘状，盘边有孔洞。孔洞中有光射出，如星光闪烁，当它从头顶飞过时，孔洞中喷出一股红烟。这个碟形飞碟在云阳县东北方向出现，最后消失在西南方向。

四川省丰都县发现飞碟

1979年7月29日凌晨，人们在四川省丰都县发现了UFO穿越县境，目击者很多。据四川省丰都UFO研究会理事长杨其文核实，该飞碟是从长江北岸垫江县方向进入丰都县境的，然后飞越丰都县城向东南而去。

在此路线上，目击者隆宇艮说："飞碟是一个像月亮的形状一样闪着强光的圆形飞行物。"

秦永林说："飞碟是闪光的圆形物体，两前一后，无声无息，高速飞行，前两个形如同月亮，后一个稍大。"

隆文华、肖顺辉当时也在该地，他们看见3个圆盘状发光物体在天空高速飞行，高度似比飞机低一点，3个物体照亮了整个天空和大地。丰都县各处目击时间均为30秒，即飞碟飞行的视角速度约为每秒4度。

飞碟一分为三

奇怪的是飞碟一分为三了！从1979年7月29日5时20分至5时35分，人们分别在丰都西北约250千米的阆中、丰都西南200千米处的江津和丰都西北方的岳池三地都看到了圆盘形飞碟。

阆中县的目击者中有四川UFO研究会会员王萌，他说飞碟是5时20分在阆中县出现的，呈圆盘形，外圈较亮。

江津县的目击者是该县商业局干部刘坤以及李曼华、刘健等

人。目击者报告说，5时33分天色特亮，随即见一圆形飞行物，发银白色亮光，有明显的晕圈，从西北向东北飞入云层，云层被飞碟照射得仿佛镶了金边一样，目击时间大约两分钟。岳池县的目击者说，该飞碟在云阳东方的上空出现，然后进入云阳，途经丰都时一分为三，其主体飞行稍慢，在江津附近上空盘旋，另外两个飞碟在阆中环绕而回，一个从岳池而返。

家住乙烯厂的刘志刚说，2007年夏天，一天晚上19时，他在厂西附近看到过类似不明飞行物。当时，不明飞行物位于北斗星附近，外形酷似圆盘，持续10分钟左右，圆盘上出现了红色的亮点，亮光突然消失后，不明飞行物也没了影。

飞碟光临蓉城

2000年6月24日23时至25日零时，四川省成都市东郊上空两次出现不明飞行物，是否是人们传言中的飞碟还有待专家的认定。

2000年6月24日23时，成都市东郊五桂桥、四川师大和龙泉驿区近20名人士称，东边的天空突然出现一道神奇的亮光，并且由远而近地移动，远远看去，像一个又圆又亮的圆球。随着距离

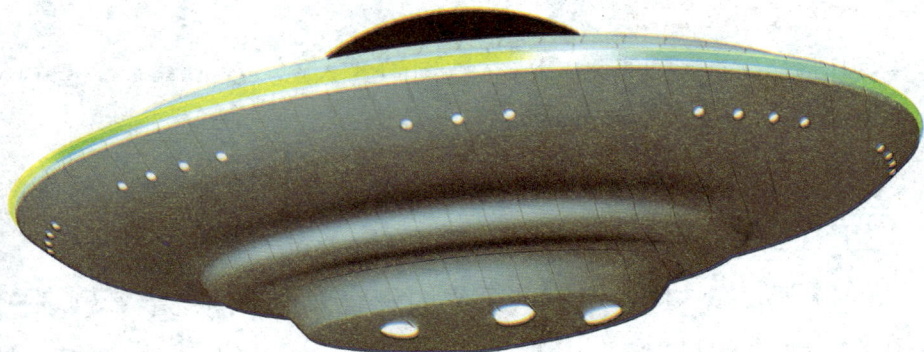

的变化，那圆球慢慢地变成椭圆形，继而呈扇形，最后变成了一道长长的光束，变化过程较为缓慢。25日零时，这个不明飞行物慢慢朝北边的天空移动，并逐渐变得暗淡，最后消失在天穹中，持续时间有40多分钟。

众多观测到不明飞行物的人士均称，飞碟光临之处，电视的收视系统均受到强烈干扰而失去了信号。

防雹炮点值班员的讲述

2000年7月29日晚21时许，在防雹炮点值班的刘班长走到屋外纳凉，抬头发现漆黑的夜空中突现一个发白光的圆形物体，它缓慢而无规律地呈螺旋状在空中盘旋，不时停顿片刻又继续飞行。

那是什么？刘班长猛然想起去年9月某晚他值班时，在同样的方位也看见过这样一个发光飞行物掠过。

刘班长赶忙把值班的十余名同事都叫出屋，并立即给市防雹指挥部汇报，请求用高空雷达对该地区的天空进行监视。防雹指挥部用雷达追踪，不料屏幕突然出现干扰，致使追踪被迫中断。与此同时，炮点的工作人员一直用肉眼跟踪那个飞行体，直至20多分钟后它神秘消失。

当地农民的说法

30日，记者来到当地采访，被询问的人都知悉此事。汤营村6组的孙玉兰，在去年9月的一个晚上她确实见到过天空中一白一红两个亮闪闪的东西飞过，飞得怪里怪气，东拐西拐；7组的村民黄健平则不以为然地说，可能是探照灯在天上投的影子。

但村民们都承认，方圆几千米内没有大型工厂或歌舞剧场，不会有人把探照灯打到天上。在距羊安河约4000米外的新津县铁溪、安西等地，村民们也在29日晚看到天空中有怪物。

有人称，当时家中的电视和收音机都受到强烈干扰，直至怪物消失后才恢复正常。

飞碟再访成都

30日19时40分，众多市民打电话给《成都商报》称，他们在抚琴西路上空看见了不明飞行物。

报社记者赶往现场，可惜天色已晚，什么也没看见。据街头卖牛奶的陈大姐讲，大约19时20分，许多人都看见天空有一大一小两团雾状的亮点，忽明忽暗，速度极快地盘旋着，一会儿两团

合一，一会儿又分开，持续了近20分钟才渐渐消失。

在二环路西三段府南新区的卓先生也称，30日19时，他看见空中飞个鸡蛋大的白色亮点，类似星星状。

龙泉驿区的董先生也称，他在20时50分看见了不明飞行物，类似葫芦状，飞行速度极快。

不同学说的观点

对于频频来访的飞碟，研究不同学科的学者都提出了自己的看法。心理学家认为，飞碟是形体化的思想或意念形式，人类集体的潜意识的典型创造、意念造型。

另一类学者认为，飞碟确实存在，但不能确定其到底是来自太空，还是来自其他地方。如一些坚持"地球中空说"的学者认为，我们所看到的飞碟来自地球内部或海底，并非来自天外。"地内人"千方百计地避免与人类接触，以防地下家园遭到侵害，有时它们称自己是外星人，以转移人类的视线。

另外，还有一种说法，即飞碟与人类早已接触。许多有影响的UFO专家几乎都同意这种意见，他们指出，这种接触可能早已在

外星人认为的相应的水平上建立。

自远古时代以来外星人一直与我们保持着多种方式的接触，他们一直在帮助我们发展科技，提高文明程度，他们也许有一个提高人类"宇宙觉悟"的时间表，可能他们认为目前公开见面的时机尚未成熟。所以，他们宁愿继续在暗中不露声色地给我们以大量援助。还有一种说法认为，外星人已大批混杂在地球人中。

延 伸 阅 读

外星生命如果存在，其技术当然比地球人的现代科学要高明得多，因此人类也多少在其掌控之下，其中也包括对他们的事件宣传的力度。可以推断，人类发明探测外星人的设备恐怕也是他们有意传给人类的技术。

葫芦连体状的飞碟

气象观察员看到亮点

1984年2月13日晚20时，内蒙古额尔古纳右旗根河的两个气象观察员在观察天空时发现在银河北岸上空有两个连在一起的特大亮点，感到十分奇怪。过了一会儿，两个连在一起的发光体慢慢地向他们飞来。

等飞近时，他们才看到它们大小不一，形状像葫芦，大的直径约有2米，小的直径也有1.5米左右，中间相连，大的在前，小的在后，它们都发出日光灯般的乳白色光。它们飞行时悄然无

声，自身不转动，形状及大小也没有变化，好像孩子们玩的双节气球。5分钟后，它们就飞到上库力方向的高空，并向黑龙江省方向飞去……

这种葫芦状飞碟在1984年夏曾经被人发现过几次，有的人还摄了像。这种连体状UFO是真正的飞碟，还是一种特殊形状的北极光现象，至今仍是个谜。

旅游者发现葫芦云

贵州省贵阳市附近有个地方叫清镇，在其东北方向不远处就是风景迷人的黔灵山。

1983年3月的一个风和日丽的上午，一批游人亲眼看到黔灵山山顶飘过一个奇怪的东西。

黔灵山风景区摄影个体户杜盛宝叙述说："那天空气特别清爽，天空蓝得透明。一批从贵阳来的旅游者来到山腰。忽然，一位姑娘高喊'山顶上那朵云真怪'！大家向天空望去，蓝天下果真飘着一朵葫芦状白云，四周呈絮状，看上去轻柔、飘荡，很是奇特。'哪里是云呀！可能是个不明飞行物吧！你们看它的顶部闪着白光呢！'一位似乎对飞碟颇有研究的青年的话使在场的20多人立即静了下来。于是，那位青年又说道：'1974年11月17日有人在丹麦维伯格拍到一张照片，一个不明飞行物用云雾掩护自己，但透过雾气可看到一个椭圆形黑色物体。我们面前的那团云很奇特，仔细看里面确实有一个透镜状实体。'"

大家议论纷纷，认为云里确实藏着一个物体。这朵云随着东北风向西南飘去，几分钟后就不见了。

它到底是云，还是不明飞行物呢？人们一直迷惑不解。

科学家的观点

世界各地出现的形形色色的飞碟给人们带来了数不清的谜团，也给各国科学家带来了新的课题。世界上第一个亲自研究飞碟的科学家是海尔曼·奥伯特博士，他被誉为"宇宙航行法之父"，是建立现代火箭理论基础的伟大科学家。他受德国政府之

托，从1953年起的3年内，在约70000件目击报告中选出最可信赖的800件，从中推算UFO的航空工程性能，并得出这样的结论："科学可以把不可能和不能证实的问题看作可能，为了说明观察事实，必须有效地考虑作业假说。在已有的作业假说中，飞碟是地外智慧生命操纵的飞行物，最适合观察事实。"

法国天文学家、计算机学家贾克·瓦莱博士是第一个用统计学手法研究飞碟的科学家，1954年对从西欧到中东集中发生的200件以上的着陆搭乘目击事件进行统计分析，结果发现了很多推翻否定论"法则性"根据的东西。

1966年，瓦莱博士在公布他的研究成果时说："只要不拒绝把飞碟作为空中物体来研究，那么不把飞碟着陆的报道作为研究对象是没有道理的。只要承认有被智慧控制的可能性，就没有理由否定飞碟着陆和搭乘员降落的可能性。"

目击飞碟的科学家有很多，较早的是著名天文学家、冥王星的发现者克·汤博。1979年8月20日，他和妻子、岳母在新墨西

哥州拉斯克鲁塞斯的住宅之外看到"6个至8个长方形的绿光群"，"这是在夜空模糊地浮现出轮廓的巨大船体的舷窗，随着它的远去，逐渐变小，最后消失。如果这是地面上某个物体的反射物，同样的现象应该频繁出现。我经常在自家庭院进行天文观测，但这样的现象也仅在那个时候见过一次。"

物理学家的调查

1973年，美国斯坦福大学等离子体研究所的物理学家斯塔洛克以全美职业天文学家为对象进行调查，在1356位回答者中，有56％的人持肯定态度，认为"值得进行科学研究"，有4.6％，即62人"亲眼见过飞碟"。

如新墨西哥州萨克拉门托峰天文台的一个台员说："1974年10月11日傍晚，我驾驶的小型卡车在山道

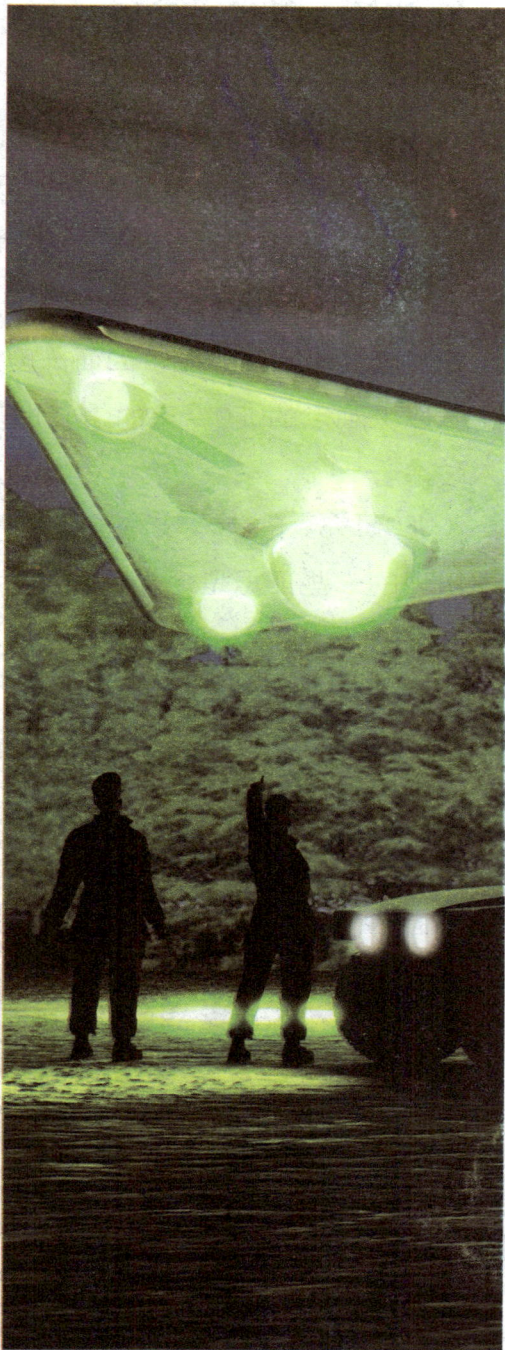

上蜿蜒行驶，突然与前方上空水平飞行的飞碟相遇，引擎停车，卡车不能前进。这是个圆盘形物体。接着，它突然在垂直方向加速，几秒钟内变小，直到消失。此时车子恢复正常。"

UFO研究中的主要流派的根本观点是：地球之外存在着智慧生物，而飞碟就是这一观点最现实的证据。但是，由于近几年来飞碟虽然仍在不断出现，而人们却没有充分证据来证明飞碟就是外星智慧生物的宇宙飞船，因而一度使UFO研究陷入窘境，甚至有的主张以上观点的UFO专家的信心也开始动摇，认为UFO研究已经步入歧途。

UFO研究真的步入歧途了吗？回答是否定的。20世纪80年代后期出现的一些证据是令人鼓舞的，它们可能会对飞碟的研究产生重大影响。

卡洛斯·帕斯的研究成果

1988年9月初，秘鲁星际关系研究所所长卡洛斯·帕斯对新

闻界记者们说，1988年9月中旬，当火星靠近地球时，将同以往几次一样，有大量飞碟前来地球拜访。他的预言很快就得到了证实，秘鲁和南非不久分别出现了飞碟群，目击者甚多。

帕斯是位研究外星文明的专家，已从事该项研究20多年，在他出版的《我们认识的其他世界》一书中，他详细介绍了几十年来他和他的同伴们的研究成果。他说，他们通过26年的研究表明，迄今已证实存在86种外星人，这些外星人矮的只有0.02米，高的则达10米，其中85％能够呼吸地球上的空气，20％戴着假面具，5％穿潜水服，好像来自有水的世界。其中有极小部分根本就没有鼻腔，他们可以用皮肤进行呼吸。

苏联探险考察队的发现

1988年年底，前苏联一支由科学家组成的探险考察队在对戈壁沙漠进行科学考察时，有了更令人吃惊的发现。他们在沙漠发现了一个直径为22.78米的不明飞行物，但这个不明飞行物并不是在空中，而是半埋在沙堆中。更让人吃惊的是，在这个飞碟中居

然发现了14具外星人的尸体。

据当时前苏联的科学家推测，这架飞碟至少坠毁在1000年前。由于沙漠非常干燥，坠毁的飞碟乘员的尸体还没有腐烂。苏联科学家正在积极地对这些尸体进行更进一步的研究。以前虽然也报道过飞碟坠毁事件，但都没有找到它的残骸，所以其可信度值得怀疑。

这次不仅找到了飞碟残骸，而且还发现了外星人的尸体。它不仅证明了外星人的存在，而且对研究多年的外星人宇航技术也是不可多得的宝贵实物资料，其价值是难以估量的。这一消息是苏联科学家杜朗诺克博士于1990年在南斯拉夫宣布的。

延 伸 阅 读

1979年，产业科学的专业杂志《工业调查》对整个科学技术界进行调查，有1200名读者寄回调查卡片，其中"目击过飞碟"的占8％，"见过类似UFO的东西"的占10％，回答"飞碟确实存在"的读者占61％。

有彩色尾巴的飞碟

国庆节的喜获

1988年国庆节前一天，家住大连的隋汶伯偕同妻子、女儿利用国庆假日回乡探望父母，他们在大连北部郊区的一个小站下车。

当时是20时，满天星斗，但周围一片漆黑。他们一行人走到一个转弯处时，隋汶伯忽然看到天空的西北角处有一颗特别明亮的星，而且它还慢慢地向着这些人靠近。

发着蓝光的物体

隋汶伯马上招呼大家"快看"，说话间那颗星的前进方向似乎向西偏转了些，并立刻出现了一条橘红色光带。那颗星越来越近，他们都看到了那条光带的前头有一个发着蓝光的物体，

正是它拖着一条等于它4倍至5倍长的彩色尾巴，沿着与地面约30度仰角的方向静静地由北向南运动。在运动中光带始终保持平直、等长，飞过后不留任何尾迹。

如果把水平视野用180度表示，那么这个物体连同它后面的光带总的水平视角也有20度左右。因天黑无法估计出飞行物距地面的距离，也无法看清那个物体的轮廓，但通过它表面发出的淡蓝色荧光模模糊糊地给人感觉好像有门窗之类的物体。它的运动速度比一般的大型客机略慢。

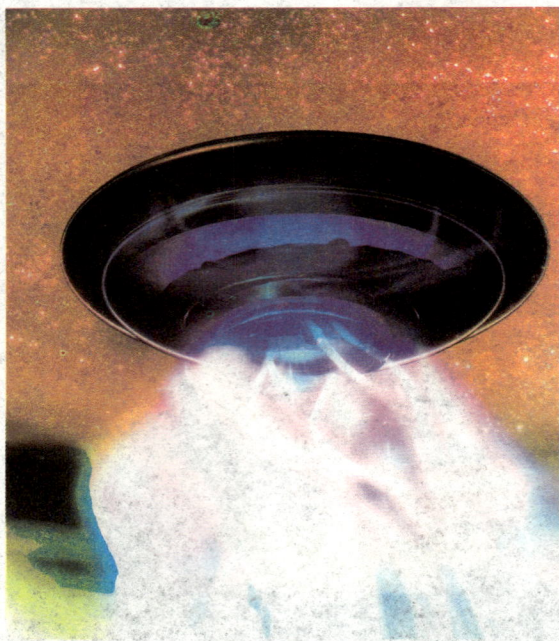

使人更惊奇的景象

大约经过20秒钟，那个物体的前进方向向上方转了约30度角，同时它后面的光带也消失了，这时看到的是另一种使人更惊奇的景象。只见物体周围开始弥漫发白光的云雾，在白色云雾的衬托下，那个物体的形状清晰可见，它就像一艘航行在海下

的潜水艇。它越升越高，周围的云雾越来越浓，大约升到仰角为60度的正南方天空时，它又向西转了方向，随即云雾中的亮光消失，那个物体也不见了。

只见那个物体消失的位置隐隐约约有些白色雾气，过了一会儿就什么也没有了。这个物体从出现到消失大约经过了半分钟的时间。黑暗天空中的彩带是飞碟，还是某种自然现象？这仍是一个尚未解开的谜。

国际上的讨论

对于不明飞行物访问地球的事件，联合国也非常关注。1971年11月8日，联合国总部第一委员会中乌干达联合国大使曾发表演讲，说道："不久的将来，人类将可自由进出外太空，将会与外星人有频繁的接触，事情如果发展不好，也许会造成全面性战争。这并非仅仅是一个大国单独的问题，而是全体人类共同的问题。现在，许多国家的政府均否认有飞碟出现。但是，美、英、苏联及其他国家中有许多科学家正担心飞碟是来自其他星球的太空船。飞碟的问题应该在联合国会议中提出讨论，并列为重要问题……"

1976年10月7日，在第31次联合国大会中，某国的首相也做出下述言论："地球是属于全体人类所共有的，与地球相关的知识理应让全人类知道。但是，有的国家却将一些证据藏在其情报保存中心；还有的国家甚至把有关飞碟的资料当作军事上的机密资料处理。事实上，飞碟是我们地球人与外星人紧密相关的大问题。人类有权利知道这项可怕的情报，并早做心理准备。"

此处所提到的国家是指美国。美国政府机构隐藏UFO情报的事情已逐渐为世人所知。

如何面对外太空威胁

联合国还曾多次讨论飞碟问题，1987年，美国里根总统曾在联合国第42次大会上指出，地球人类应该打破自私与地域的观念，共同讨论如何面对来自外太空的威胁。

　　有一些地球人类自称曾与外星生物有过某些直接接触，就连登上月球的宇航员都目睹过月球上的外太空生物。

　　这些有第四类接触经验的人号称预言者，如美国的亚当斯基及法国的雷尔等，依《圣经》上的预言推算，人约有4亿人要受到灾难，这些是否与飞碟及外星生物有关，是个值得探讨的问题。

　　美国政府在第二次世界大战期间就开始注意有关飞碟的问题，在战后也曾成立了特别机构，进行飞碟现象的资料收集与研究，而美国中央情报局在这一方面则扮演着掩盖事实真相的角色。

美国、苏联联手对付外星人

　　美国与苏联政府曾多次共同讨论联手对付入侵地球的外星人问题。1989年，美国总统乔治·布什与苏联总统戈尔巴乔夫在马尔他举行了高级会议，内容主要谈到战略防御协定及星际战争问

题，苏联首要对付的对象除了入侵的外星生物以外，在地球上还有没有任何其他国家呢？

1987年2月16日，苏联总统戈尔巴乔夫演说时也指出，人类现阶段要解决的最重要的问题是飞碟与外星生物，现在不着手进行，将来就太晚了。

事实上，早在1971年，美国和苏联两国就已签署了一份全力对付外星人的合约。20世纪70年代以后，两国时常密谈此问题的细节。

延 伸 阅 读

1947年至1969年，美国空军展开了一项名为"蓝皮书计划"的飞碟事件调查，在对12618份飞碟报告进行研究后，他们于1969年做出结论称，这些事件没有对美国造成任何威胁，也没有证据表明外星人的存在。

橘黄色火箭状飞碟

两兄弟的发现

1987年的夏天，有人在甘肃省镇原县发现了一个不明飞行物在空中飞行。这天阳光明媚，天气晴朗，天空中飘着几朵白云。尤志龙和弟弟正在老家小院的土墙根玩耍，弟弟忽然喊了一声："哥，看那儿！"

尤志龙顺着弟弟指的方向望去，在土堆前发现了一个正在飞行的不明飞行物。其飞行极其平稳，速度很匀，距地面2米至3米，并且不发出任何声音。飞行物自西北方向沿45度角飞行。飞行到两个孩子的右上方时，便可清楚地看到它呈火箭形。

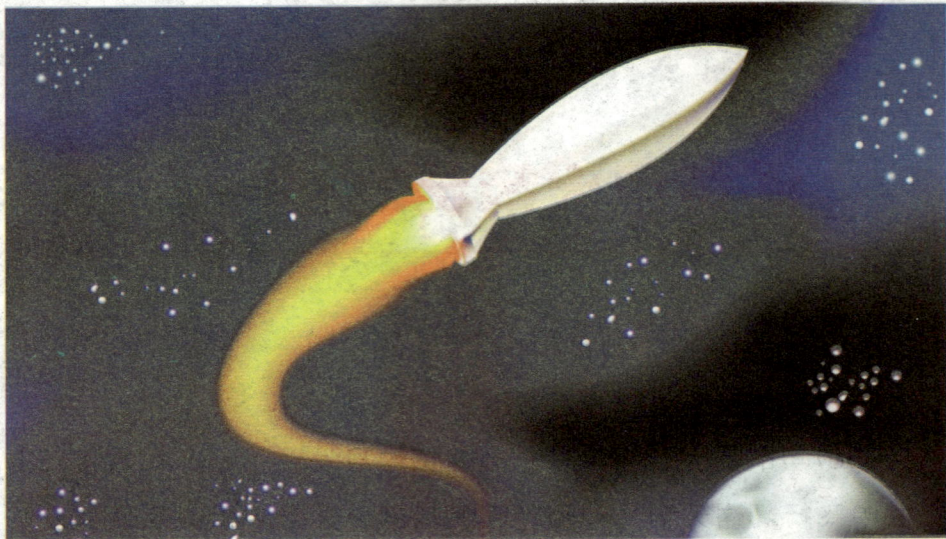

火箭状飞碟的特点

这种飞行物的箭头呈圆锥形，长0.1米，箭身是圆柱形，长0.2米，箭尾至焰尾长0.2米，共有0.5米长，箭身直径为0.12米，箭尾有4个像真火箭控制飞行方向的翼。箭身表面呈淡橘黄色，火焰橙红色。火焰从尾部中心的圆孔中喷射出来，喷射得均匀、缓慢，不像真火箭喷射那么猛烈。

尤志龙向后退了几步，看见飞行物转向东南60度的方向驶去，不到1分钟便消失了。这种速度简直有些不可思议，并且加速时火焰呈青白色。

从这些奇异的现象来分析，飞碟的形状似乎又多了一种火箭状。

飞碟的基地是哪里

一直以来，飞碟爱好者们都认为，飞碟是外星人探访地球的飞行器。那么，外星人在地球上有飞碟基地吗？如果有的话，什么地方是最理想的飞碟基地呢？

许多飞碟专家对这些问题很感兴趣。大多数专家认为，除了海洋之外，沙漠也是外星人飞碟的理想基地。

法国著名飞碟学家亨利·迪朗在《外星人的足迹》中曾经说过："大量的事实证明，沙漠和天山山脉都是飞碟降落的好地方。"

一群德国学生和去内蒙古的许多旅游者都曾亲眼见到过飞碟在那里经常降落。可以肯定，沙漠是飞碟的一个理想基地。

飞碟光顾大沙漠

1979年9月20日前后的一个晚上，深夜1时左右，新疆某农场技术员在外乘凉，无意中发现天空有一个状如满月的橘红色飞行物。比月亮小，边缘非常整齐，速度极快，两三分钟后消失在西方地平线。它不是飞机，因为飞机不会无声无息，形状也与飞机相差很多；也不可能是气球，因为气球不可能有超过音速很多倍

的速度。并且当晚刮西南风，气球也不会逆风飞行。

这个农场离"死亡之海"——塔克拉玛干大沙漠只有几十千米。

飞碟也经常在非洲的撒哈拉大沙漠出没。已经逝世的著名女作家三毛在撒哈拉沙漠就曾两次目击不明飞行物，为此，她多次在电视上做证，证明飞碟的确存在。

海洋是理想基地

从大量的飞碟着陆案例中可以看出，外星人降临地球的主要目的是对地球的一切进行全面考察和采集各种标本。

因此，如果他们真要在地球上建立永久性的基地的话，海洋正是最理想不过的地方。在许多飞碟案例中都记录着人们曾目击飞碟从海洋中飞出或从高空直接钻入海中的事实。

在世界的各个海域都有飞碟出没，其中飞碟出没最为频繁的当数百慕大三角区，这已是世人皆知的了。在百慕大三角地区，不仅已有数以百计的各种飞机、船舰在状态极为良好的情况下，眨眼间就不留痕迹地消失得无影无踪，而且美国肯尼迪发射中心发射的3枚带弹头的火箭也莫名其妙地掉进了百慕大三角海区，可是谁也测不出火箭坠落的精确位置，当然也就无法打捞。

百慕大三角区的怪事

在百慕大三角区的水下，人们已经发现了不少人工建筑和两座巨大的金字塔，这显然不是生活在地球上的人们所建造的。在这个水域，除了有所谓的幽灵潜艇出没之外，人们还发现了一些无法解释的东西。

1996年9月，在离佛罗里达海岸几千米的海水中，名叫马丁·梅拉克的寻宝者看见了一个形如火箭的东西，停在水下约12米深处。梅拉克立即向军队做了报告。

9月27日，梅拉克陪同两名海军潜水员再次来到那里，顺利地

找到了那个物体，并把它送到美国海军部。

美国最优秀的专家们也不知道那是什么东西，显然这不是地球人所制造的。

百慕大三角区常有飞机、船只不明不白地失踪，人们自然将这些失踪事件与飞碟联系在一起了。

一些飞碟专家经过很长时间的细心研究后，都有这样的看法：假使大面积的海洋是外星人在地球上理想的基地，那么外星人应该将基地的总部设立在百慕大三角区。

延 伸 阅 读

1989年2月26日，一般巴拿马渔船在百慕大三角区作业时打捞起一个活人。有资料表明，此人于1926年死于癌症。他立即被送到各大医院检查死而复生的原因，可医生们费尽周折也没找出原因，他自己也不明所以。

天空的炮弹形飞碟

空中出现炮弹

1968年，大概是8月初的一天，贵州省凯里市群山环抱，风景秀丽。清水江畔车岭寨农民关子富到凯里城去探望他的姐姐。

6时，大街上就有许多人了，听人们议论说，空中有一个奇怪的炮弹，它能浮在半空不动。抬头看去，他果然看见天空的西北部有一个弹头般的东西，它的长度就像一枚炮弹那么大，紫红色，一端稍细，另一端较粗，估计它的实际大小不会小于清水江上的渔船。行人翘首观望，纷纷议论，大多数人以为那是敌机，

关子富不敢久留，便匆匆走开。走出数百米后再看天空，那个东西还在那儿。他赶紧低头朝姐姐家走去，马路上的人看了也纷纷散去。

像炮弹一样的物体

1980年10月5日，在河北省唐山市一位小学女教师高苏丘早晨上完厕所回到屋里时，无意中从窗帘的缝隙向外张望。此时天色未亮，夜空幽暗，她突然发现空中有个奇异的光体。

当时由于睡意未消，迷迷糊糊的，她看了后自言自语道："好漂亮的月亮呀……"

但不久，她惊讶地发现那根本不是月亮，而是一个看起来像月亮的发光体。她定睛再看，发现那确实不是月亮，而且这个发光体慢慢地在变大。

高苏丘马上跑去叫醒丈夫，两人一起来到窗边。这时，亮光正在快速地向他们移动，以至于可以看清楚它的形状。它不是刚开始看到的圆筒形，而是一个很像炮弹的东西。在其中央的地方，有一个光环般的东西圈住它。

这一发光体一边从它的尾端喷射出熊熊的火焰，一边以相当慢的速度在飞行，在它靠近的那一刹那，女教师家的周围像大白天那样明亮。不久，它就往东南方向飞去了。高苏丘说，她第一次看到这个炮弹形的飞碟是在3时左右。而在此时，唐山市湖边夜钓的5个人也看到了同一形状的飞碟。

美国西海岸的飞碟

1980年年底，发光炮弹就在太平洋的对岸——美国的西海岸出现了。看到的人是美国加州经营查德机的飞机公司，并且自己也是飞行员的丹尼斯。

1980年11月5日夜晚，丹尼斯将客人送下飞机后，又驾驶着飞机回机场，在高度2400米的空中飞行。大约在20时10分，左翼

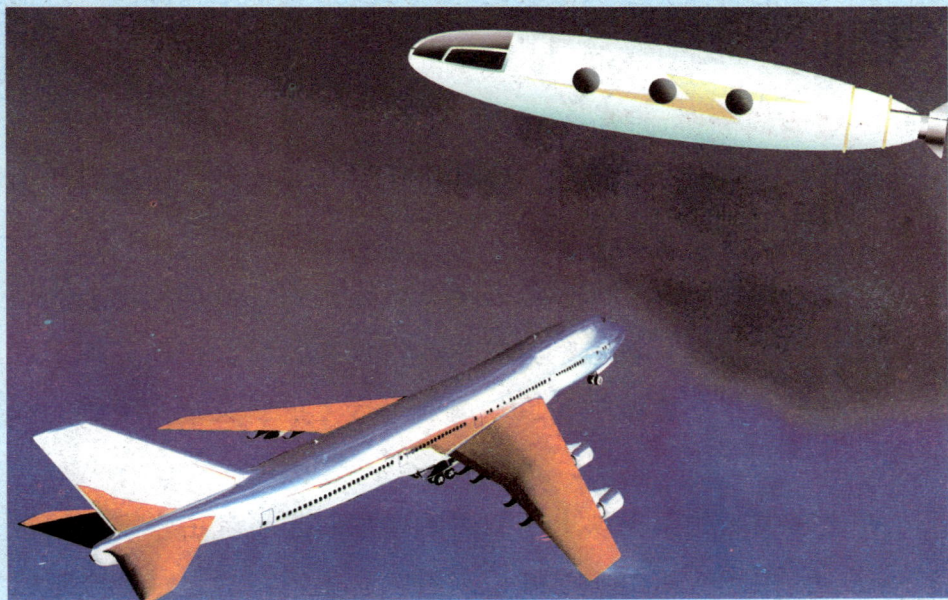

的方向出现了一个发出橙色光的炮弹形东西，和飞机并行飞了30秒之后，就往上方飞，旋转了90度之后，就不见了。丹尼斯在第二年的4月8日3时又遇到这个物体了。人们依照丹尼斯的话所描绘下来的飞碟图跟在我国出现的东西极为相似，由此可判断，它们是同一类型的物体。多次出现的炮弹形发光物都是飞碟吗？人们一直在思索着。

飞碟为何光临地球

根据有关史料记载推测，飞碟可能早在3000多年前就已光临地球了，但没有说它们为何要光临地球。文明古国巴比伦有个民族叫苏美尔，在距今2000多年以前就已经开始记载他们先人的灿烂文化了。考古学家在考察苏美尔的古代文化时，在埃及库云底亚克山里发现了一首雕刻在12块陶制书版上的有关一个英雄的叙事诗。

在这套书版的第七块上所叙述的事情引起了考古学家们的极大兴趣。如果用今天的宇航知识来看，这里记载的是一个亲眼目睹太空旅行实况的记录。这个太空旅行实况是通过史诗中的主人公之一恩克度口述的：

恩克度被一只似巨鹰的爪子的东西抓着，在空中飞行。飞了4小时后，忽然有一个声音对他说："你看看下面的大地，大地像什么呀？你再看看大海，大海又像什么呀？"

恩克度回答："大地像一座高山，大海像一个湖泊。"

恩克度又在空中飞了4小时，耳边又响起了那个声音："你向下看看大地，大地像什么？你再看看大海，大海又像什么？"

恩克度说："大地像个花园，大海像花园里的水渠。"

他又继续向上飞了4小时后，那个声音又对他说：

"你看看大地，大地像什么？你再看看大海，大海又像什么？"

恩克度向下仔细地观察了一番后说："大地像米粥，大海像水槽。"

……

苏美尔人是怎么知道的

在载人飞船遨游太空以后，人们发现恩克度的比喻实在太确切了。因为从空中往下看，地球确实像粥和水槽互相交错成一片。但是，当时的苏美尔人怎么会知道这种现象呢？如果对地球没有直接的感性认识，谁也不会想到陆地像粥，大海像个水槽。因此，这个比喻一定来自某些曾在我们地球上空飞行的生物。在当时的条件下，这个生物不可能是地球人，而是来自其他星球的宇宙人。也许，苏美尔人就是这些宇宙人的后代。

科学家发现外星太空船

科学家发现，古埃及3000年前的金字塔的壁画上面竟然有外星人太空船的模样。金字塔上的太空船的模样好似一个倒转了的碟子，这证明3000多年前，外星人已经与埃及人有过接触了。这个发现并不是很有新意，因为人们早已知道外星与古埃及相接触的消息。不过，这给"金字塔是在外星人的帮助下建成的"这一观点增加了说服力，但谁也不知道外星人为何要光临地球。

史前绘画的特点

在许多史前壁画和雕刻中都出现了不少奇特的内容和无法解释的技术成分，以及同当今的宇航员使用的相似的服装和物品。人们在全世界各大洲都发现了史前绘画，画面上的人物穿着臃肿的服装，头上戴着奇怪的带有天线的圆形头罩。从正面看，他们的身高似乎在1米至6米之间。

考古学家们最初以为他们是动物，但是同表现动物的通常手法相比较，这种解释却站不住脚。而后，科学家们发现他们可能是"神"，但神这个概念在石器时代是没有的。人们崇拜动物、火、太阳或雷电，但他们绝对没有把大自然的力量当成人的形象来描绘。

早期的宇航员

1969年，考古学家们在乌兹别克的费尔干纳发现并拍摄了一幅新石器时期的岩画。画面上有一个头戴装有天线的密封圆形头罩的人物。他的背上背着一个奇特的装罩，像宇航员离开飞船在太空活动时使用的呼吸器。

早在1961年，沙茨基就发现了两幅类似的图画。第一幅表现的是一个头戴潜水员那种头罩的类人动物，他的头部周围光芒四射。发现图画的地点在哈萨克斯坦的纳沃伊镇附近。这幅已有5000年历史的岩画上面有好几个携带呼吸器的人。

　　在萨尔瓦多发现的一个陶盘上，绘着一个奇怪的生物驾驶着长长的形状如同雪茄烟的飞行器掠过棕榈树上方的情景。1956年，一位法国考古学家在意大利境内的阿尔卑斯山区发现了一幅新石器时期的岩画。

　　画上有一人身穿臃肿的服装，背着圆筒形呼吸器，戴着圆形密封头罩，头罩上有观察孔和天线。有人在伊朗的贝希斯坦省发现了一幅半浮雕，表现"五洲十国的征服者"大流士参拜火神阿胡拉马兹达的场面。这位火神乘坐一个箱子飞过人们的头顶。那奇怪的箱子尾部喷射火焰，而火神的左手握着一个无疑是操纵杆的装置。

　　考古学家阿纳蒂在瑞士卡莫尼卡谷的岩壁上发现了一些岩画，上面的人物穿着与当今的飞行服相似的连衣裤，头上的圆形头罩带有天线，手里拿着一种三角形物品。这些头罩是什么东西？它们起保护作用吗？那么天线呢，难道是一种装饰品？

早期的飞行器

在我国云南省昆明市附近，由于一次地震，几块金字塔形的石块从湖底被抛到地面上来，石块上刻着一种纺锤形的机械图形，机械装置正向天空飞去。大家知道，中国人早在2000多年前就发明了火药助推的火箭。

在苏联，科学家们发现过一幅半浮雕，画面表现的是一种类似"宇宙飞船"的物体：两根巨大的柱子托着一个方框，框内有10个相互紧挨着的圆，上面还有几个对称分布的小圆。

类人生物的特点

在危地马拉，有人发现了一幅已有4000多年历史的半浮雕。浮雕上有两个真人一般大小的人物：其中一个发长须短，跪在另一个面目古怪的人面前。后者站立着，双手叉在胯间。

　　站立者明显地穿着臃肿肥大的潜水服，包括长筒靴、宽松的裤子、硬料上衣、腰带。胸部左侧有一个图盘，戴着特制手套，膝盖、腰间和其他关节处有密封接缝。

　　另有一套装置连接圆形头罩，头罩正面有铆接的观察孔里面的眼睛和鼻子清晰可见。嘴部有一个鸟喙一样突出部分，犹如防毒面具的过滤器。圆形头罩还有根蛇形软管，通过转接器伸向背上的贮气筒。

　　所有这些东西对远古的该地区来说是完全陌生的。它们不仅没有用处，而且在那种赤道气候条件下，除非装置绝对密封和增压，否则人是无法穿戴和配置它们的。就连在地球的另一侧——四面环海的澳大利亚德拉梅尔，也发现了这样的石刻。

石刻艺术的共同点

地球上所有这类石刻艺术都有明显的类似之处：臃肿的上衣，带天线和观察孔的圆形头罩、手套、宽腿裤，以及背上的奇特装置。世界各大洲，包括最偏僻的海岛，无法攀登的高山和人迹罕至的密林里的穴居古人，难道都上过同一所绘画与雕刻艺术学校，或者他们曾相互访问，交流过艺术创作的思想和心得？

如果说这些服装是祭祀仪式上用的服饰和头罩，那么，为什么即使在气候条件从来不允许穿这种服装的地方，它们的画法也丝毫不差呢？

如果说原始人这样画，这样刻，是因为他们笨拙，那么，为什么阿尔米塔拉、拉斯考克斯、塔西里和马尔索拉斯的人们都创作出了当之无愧的艺术作品呢？

科学家们认为这些岩画石刻艺术表现的是人们在现实生活中所见到的人物：身穿宇宙服、乘坐飞行器从天而降的宇航员。这种假说难道一点儿道理都没有吗？

延 伸 阅 读

苏美尔人建立的苏美尔文明是整个美索不达米亚文明中最早，同时也是目前所知的全世界最早产生的文明，可以追溯到公元前4000年。苏美尔文明主要位于美索不达米亚，即两河流域的南部。

亮区里的船形飞碟

奇怪的照片

在贵州省竹江有一个业余摄影师，他喜欢拍摄一些离奇古怪的地理风貌和天空美景，尤其是对春夏秋冬各种各样的云，他都一个一个地拍下来。

　　有一次，业余摄影师所拍的两张4寸照片没有成功。他也说不清是为什么，他说："1985年7月24日21时，东边天空突然像裂开似的，出现了一个很大的圆形亮区，我赶紧取出相机，跑到院子里支起三脚架，对好镜头按了两次快门，亮区暗了，裂开的天空又闭合了。"

　　他说："据我妻子说，当我回屋取相机时，那亮区出现一个很大的船形物体，亮区随它移动。我跑出来支三脚架时，船形物消失了，亮区不久也变暗了。我的两张照片拍的就是快要变暗的亮区。我用的光圈和速度是可以捕捉亮区的，但洗出来一看，一片模糊。"

圆形亮区的谜团

这个拍不下来的飞碟事件令人迷惑不解，在其他国家和地区也曾有拍不下来的飞碟，其中的原因还有待人们的进一步探索。

我们根据摄影师生动的叙述可以推断，亮区内出现的船形物体可能是一艘天外的宇宙飞船，而亮区则是飞船到达地球上时所释放出来的能量。这一推断是否正确，还需进一步考究。

学生发现巨大光圈

1971年9月18日的晚上，河南省汲县的王不安走出宿舍，看到

离地面2000米至3000米的地方有一个巨大的光圈在空中打转移动。

光圈像是气体状，很像螺旋状的星云，发出黄色的光。中心部位的密度很高，而外侧密度就低了。以顺时针方向旋转，旋转的速度很慢。但是前进速度非常快，1分钟之后，就在西北方向消失了，时间是19时。

飞行物两次出现在甘肃省

1977年8月的一天夜晚，甘肃师范大学学生王震出门去看电影。他和两个朋友一同前往，他们一边散步，一边抬头仰望那美丽的星空。王震从小就喜欢观看夜空中闪闪发光的星星，并对天文学有着浓厚的兴趣。行走之间，他们突然发现夜空的北边有一个不明飞行物。它发出耀眼的乳白色光芒，并且旋转移动。

　　1979年6月16日的早上，在甘肃省又出现了螺旋状的飞行物体，很多人都看到了。中心部位比金星的亮度稍暗一点儿，有螺旋形的光带，看起来就像银河，滞留在空中约有12分钟。

　　根据多次不明飞行物出现的情况来看，如果这些螺旋形发光物是飞碟的话，那么它们很可能是同一个物体。

美国发现飞碟

　　随着飞碟越来越频繁地来地球考察，世界上的许多国家也越来越对外星人感兴趣，他们都在暗中展开对外星人的研究。

　　美国宇航员曾经报告：他们驾驶"双子座"4号宇宙飞船绕地球飞行到第20圈，即位于夏威夷和加勒比海之间的上空时，发现

一只白色的飞碟飞向宇宙飞船。飞碟与飞船保持一定距离，飞行一段时间后离去。

佛罗里达州州长恩斯参加竞选，他随同工作人员及记者十余人正乘飞机飞行时，突然在空中看见两个橘黄色的火球。原来是与州长座机处于相同高度的两个发光体，两个发光体突然垂直上升，转眼间消失得无影无踪。

一连串的飞碟事件惊动了当时的总统约翰逊。在中央情报局的配合下，空军出资50万美元，由科罗拉多大学设立独立研究项目对飞碟进行探索，该项目的负责人是康登教授。

苏联发现飞碟

1961年，前苏联在莫斯科附近兴建了一个新的导弹基地。不久，一只巨大的飞碟来到导弹基地上空，它悬在2万米的高空中，周围环绕着一些较小的物体，如同众星捧月。致使基地内电子设备全部失灵，导弹发射不出去。

后来，小飞碟又飞回大飞碟附近，最后与大飞碟一起飞走，基地的电子设备又自动恢复正常。

美国与苏联的争论

美国中央情报局将所获取的苏联研究飞碟情报报告了国家宇航局。苏联科学院曾对外界宣称："飞碟为无稽之谈。"然而苏联

宇宙飞行调查常设委员会在1970年所写的一份报告中却说："已有的发现和雷达追踪材料均可否定飞碟是光的幻影这一说法。飞碟是有形的、确实存在的飞行物，其来源有待进一步探索……"

延 伸 阅 读

1960年11月，肯尼迪当选为第35届美国总统。据说，这位总统也曾经在船上目击到了不明飞行物。那是1963年肯尼迪在雅尼斯港附近划船时，一个银色的物体在不远处出现，船上的每个人都看到了这个东西。

方墙一样的飞碟

农民发现发光物

1982年5月17日17时28分左右，在云南省哀牢山仙鹤镇东北郊，天气晴朗，万里无云。苏荒汉、苏芝芬、元镇民和马玉芝等4人正在水田里劳动，忽然听到天空中一阵响铃般的声音，急促而猛烈，令人毛骨悚然。

他们急忙趴在泥地里，捂住耳朵，偷偷地仰望空中，寻找声音的来源，他们看见东北面天空中有一物体沿哀牢山西坡移动，发出强烈的电弧光。

它的形状像一堵墙，上面小，下面大，呈橙黄色。当飞行物离去较远的时候，他们才敢站起来观察。

飞行物的特征

飞行物的实际体积很大，估计上面宽20米，下面宽30多米，它在山坡上停了两分钟左右，就平行地向西北滑行而去。

据目击者估计，这是一个正方体，而目击者所看到的只是它的一个面，所以看上去像一面大墙。飞行物发出的声音十分吓人，就像千军万马发出的金属铃声，震耳欲聋。

人们在哀牢山看到的是飞碟吗？地球人能够制造飞碟吗？

德国制造的圆盘飞机

自飞碟在地球上出现以来，越来越多的科学家对此产生了浓厚的兴趣，并积极进行研究和探索。有许多国家和地区的科学家们还公开或秘密地研制人造飞碟呢。

第二次世界大战期间，德国在火箭工程学和流体力学领域占有世界领先地位，曾制造了一种圆盘飞机。这种圆盘飞机内部有垂直上升用的叶扇和水平飞行用的喷气发动机，直径为12米至40米，已进行了多次试飞。

当圆盘飞机高速飞行时，机身有点倾斜，速度可达音速的3倍，座舱设计成旋转式，性能优良。

科学家们还发明了一种单人驾驶的人造飞碟。它可以离开地面4米高，可以绕开任何障碍物，适于复杂的环境。

这种人造飞碟使用的发动机功率为133马力，时速可达80000米；由螺旋桨和专门的气道形成的空气射束托浮飞碟，因这种飞碟体积很小，所以飞行时非常灵活，便于操作，受到科学家们的普遍好评。

俄罗斯的伊基普

俄罗斯研制出一种叫"伊基普"的人造飞碟，第一架模型机已经进行了成功的试飞。伊基普长25米，宽36米，可乘坐400名乘客或运载40多吨货物，速度可达每小时6437千米，飞行高度为36千米，最大航程为8047千米，升空距离只需要500米。

由于原设计的目的是用于军事，因此起落时不受限制，空气动力设计非常先进。

法国的人造飞碟

法国的UFO学家利格雷·加斯东等利用一种被他们命名为静能的能量作为动力能源，使得十多个小的草帽大小的人造飞碟升上了空中。

加斯东等人介绍说静能是一种人们还没有理解的能量，它是利用电磁转换而成的。

还有，法国的让·珀蒂博士也在研制一种叫"磁流动力飞行器"的人造飞碟。

这种磁流动力飞行器与许多被目击到的飞碟可能属同一类型的飞行器，它们的特点是：重量大约为几十吨，装有可以产生几百兆瓦电能的发电机；拥有可以在大气中产生几万高斯磁场的超

导电体系统；在大气中飞行时，能产生强烈的放电现象。

静态磁能发电

除了研究静态磁能发电人造飞碟以外，UFO研究者们还研究了一些飞碟的动力源及结构模式。

动力源结构模式之一是缸形磁路。缸形磁路是最典型的、最理想的一种磁路，它的结构特点是：中心有一个直通上下的主磁路，线包绕在这个主磁路上，从而使缸形外壳构成一个完善的磁回路。

动力源结构模式之二是静态磁能的典型特点。从1985年起，科学家们致力于静态磁能发电的研究，通过研究得知，如果把静态磁能装置在磁路上，就可能与一个特殊的缸形磁路的结构一样，并且同飞碟的外形、内部结构有着非常密切的联系。

1993年，科学家发现了能量放大磁路，从而完全证明了这些猜想是正确的。按照这种磁路的技术特点和要求设计出的装置，最自然最理想的形状也是碟形，磁路只有在这种形状上，电压放

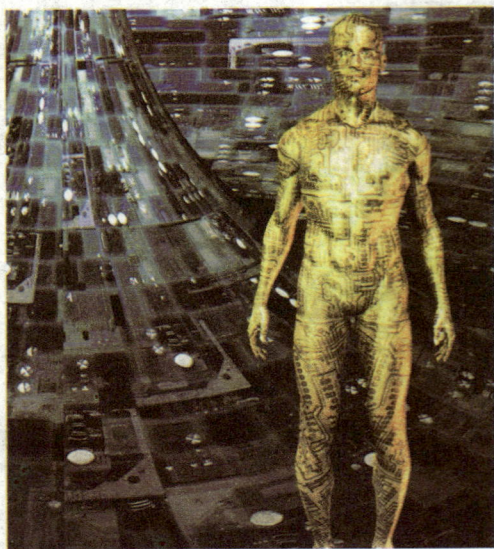

大的倍数才能达到最高。

在其他形状上，电压放大倍数都要不同程度地下降，仅这一点就可以说明不少问题。

飞碟的典型特征是许多年来世界飞碟界的重要研究成果，是通过对近10万例目击案的研究逐渐总结出来的。

飞碟在结构上很像一个变了形的缸形变压器。理解这个问题的核心是必须把中心磁路掌握得非常透彻。

飞碟是一个静态磁能装置，这只是科学家们对飞碟动力源和结构原理的初步探索。今后，科学家们将会继续努力，以期早日解开这些难解之谜。

延 伸 阅 读

美国海军部前任飞机识别师克伦特朗表示，美国拥有先进的科学技术，可以建造一种类似外星人使用的飞碟。他还为这种飞碟设计了一种革命性的推动系统，它的动力原料是液体水银。但这种飞碟目前是否建成尚不可知。

几何形状的飞碟

台阶形锥体状飞碟

1971年，人们在山西省太原市发现了一个台阶形锥体飞行物。

这年秋天的一个晚上，太原锅炉厂的范文浩大约在21时发现西南方向5000米处的空中有一个金属飞行物，此飞行物为银白色，它在离地面1000米至2000米处飞行。飞行速度很慢，忽左忽右，有时停在那里几乎不动。该飞行物的形状呈台阶锥体。飞行

物小头朝前，尾部有两倍于该物体的银白色光雾，里面似乎有一个实体，表面为金属状。它移动时无声，也没有气浪，它是突然隐没在西边的彩霞之中消失不见的。

菱形飞行物

1997年8月5日，在新疆出现了菱形的发光飞行物。23时30分左右，新疆克孜勒苏自治州客运公司司机王文驾驶夜班车行到阿克苏318国道888千米处时，发现北面小山上有一发光飞行物，从远处看呈菱形，大小约0.2米，缓缓移动，伴有发光云雾，没有声音，有类似探照灯样的光柱照在山上。

于是王师傅停车让大家看，持续时间有10分钟左右，然后渐渐消失在远山后。

就在当天，新疆伊宁市也有类似的情形出现，只是时间比阿克苏出现的飞碟晚20分钟。这两地出现飞碟的时间很可能是同一不明飞行物。该飞碟能发出绿光，这和几年前从北向南飞临伊朗上空能发出绿光的飞碟相似。这是否能说明同一个菱形飞碟在地球上经常出现呢？人们难以下定论。

圆桌形飞碟

2007年7月17日凌晨3时，江苏省常州市武进区洛阳镇一个神秘发光体从天而降，降落在欧凯电器有限公司的大门内，该公司的监控器清晰地拍摄到了不明发光体的画面。

监控画面显示，凌晨3时22分，此白色发光不明物体从天而降，如同圆桌。3时23分，光球变为不规则状，底部伸出两个突起，像一块不规则的海绵蹦跳着向东逃去。3时26分前后，光球缩小成保龄球大小，蹦进监控探头的范围内。

从录像中看，有保安走出察看，但光球像是有所觉察，四处跳动，越变越小，躲着保安。小球在保安室上方停留3分多钟，继而消失。

存在火星人吗

不同形状的飞碟频繁地出现，使许多科学家产生了疑问，难道是宇宙中的外星人在造访地球？

许多年来，人们一直幻想着火星人的存在，在一些飞碟案中，外星人也自称他们来自火星，所以有人干脆把外星人称作火星人。

研究表明，在很久以前，火星的自然环境与地球极其相似，是有生命存在的。后来，由于火星的自然环境不断恶化，地表十分干燥，其赤道地区年平均气温为零下15摄氏度。

显然，生命体无法在火星表面生活，那是否在火星地下呢？外星人是否把火星作为星际飞行中的基地呢？

现在还难以对这些问题做出简单的肯定或否定回答，但许多现象却值得人们去深思。

火星上有许多人工建筑物似乎应当肯定。美国加利福尼亚州和马萨诸塞州的一些火星研究专家公开了一组照片，从照片上可以看到一座座石头人像、一座座高耸的金字塔、一片片类似城市的废墟遗迹。

地球上发现火星人

在一次记者招待会上，美国航空航天局艾姆斯研究中心的火星研究专家曾经说过："火星上的水比一般人通常所想象的要多

得多，而且火星上也发生着类似地球上的季节变化。"

"火星的水足够填满一个100多米深的海洋。"有足够的水存在，自然也就极有可能存在生物。

火星上存在生命，以前还存在过高度的文明，这应是无可争议的事实。现在，火星表面没有人居住，但在地表以下是否还住着外星人呢？他们有着高度发达的科学技术，他们完全可能在密闭的地下人造环境中生存。而在地球上发现火星人的后代，使人们更肯定了这方面的猜测。

1987年，据瑞典科学家希莱·温斯罗夫说，他与另外6名科学家在扎伊尔东部的原始森林里意外地发现了一个与世隔绝的部落，这些人自称是火星人的后代。

科学家们参观了一艘银白色的半月形飞船残骸，它已经生锈了。显然，这就是火星人的星际交通工具。火星人后代还拿出他们珍藏多年的太阳系和火星的详细地图。

火星人告诉温斯罗夫，1829年，火星上发生了一场大瘟疫，为了躲避致命的病菌，25名火星人乘飞船到达地球。160年过去了，至今仍有人活着，部落成员数量已发展到50人，他们皮肤黑亮，眼睛为白色但没有眼球，能用流利的英语和瑞典语与科学家们对话。他们对圆形的东西非常感兴趣，无论房屋、摆设，还是工具，都是圆形的。

这些火星人说，他们已无法飞回火星，希望地球人不要干扰他们的正常生活，他们将会在地球上永远地活下去。

火星基地计划

1989年7月20日，美国总统布什宣布：美国要在月球上建设

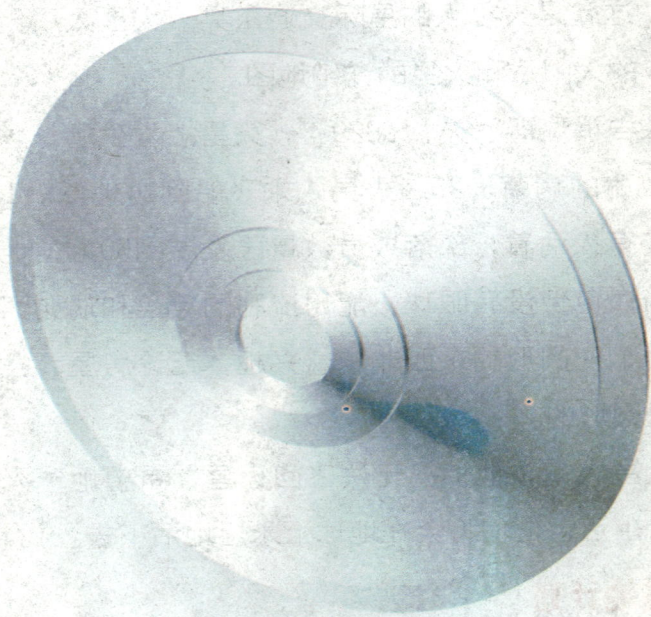

基地，着手实施向火星制订载人飞行的计划，这意味着外星人很可能在火星上也设立飞碟基地。

在火星周围经常有飞碟出没，这已不是什么秘密，这是否可以证明，飞临地球的飞碟有的就直接来自火星呢？至少，外星人把火星作为他们的星际考察中的基地是完全可能的事情。

飞碟金星基地说

从目前所知的情况来看，金星地表的自然环境比火星还糟得多。它的表面温度高达500摄氏度，大气层的二氧化碳含量达90%以上，那里的热风暴比地球上的12级强台风还猛烈许多倍。它被浓厚的云层包裹着。

因此，1960年至1981年，美国、苏联先后发射了近20个探测器，但仍然不能揭开它的真面目。

1989年1月，苏联发射的一个探测器终于穿过了金星表面浓厚的大气层，通过对其发回照片的科学分析，科学家们惊奇地发现，金星地表分布着20000座城市的遗迹。

在金星的城市废墟下面是否真的还有活着的金星人，谁都很难否定这种说法，因而外星人把金星作为飞碟基地，那更是完全可能的事情。

UFO木星基地说

美国加利福尼亚艾姆期研究中心的美国国家航空局和宇宙航行局的宇宙生物学家们经过认真地研究后曾经指出："木星上很可能存在生物，而且密度很大。科学家们在实验室里对已知的木星表面条件做了生命发展的模拟试验，结果表明，木星上很可能

住着极为发达的生命体，它们具有无线电仪器，能够发射我们可以接收到的信号。"

世界上所有射电天文学家都指出，木星一直有规律地发射着无线电脉冲信号，其中一些脉冲强度可以同太阳发射的波相比。

延 伸 阅 读

石头人像是美国航空宇宙局公开的一张于2006年从火星上所拍到的影像。这块石头像是罗斯维尔飞碟坠毁事件中的外星人尸体。这个火星人头骨看起来有0.15米宽，有尖尖的下巴和嘴，还有两只相隔0.05米远的眼睛。

巨大的云状飞碟

两次看到飞碟

1995年和1996年，我国公民刘强先后两次看到了飞碟。

第一次是在1995年1月6日。那天晚上，天空晴朗，他站在二楼向外望，忽然看见发红光的不明飞行物从一颗6等星上飞出。它平稳而缓慢地飞向南面的一颗星，就在靠近那颗星时却突然消失了。刘强急忙跑下楼，当时他就断定这个飞行物绝不是一颗流

星。因为流星不会由一颗星飞向另一颗星，更不会是红色的，它的飞行速度也没有流星那么快。

1996年7月份，那时正值暑假期间。那天晚上，刘强一家人正在看电视。突然，天气骤变，雷电交加，但是没下一滴雨。刘强的妈妈到阳台上望了望，忽然大声呼唤刘强。他跑到阳台上，顺着妈妈手指的方向，他清楚地看到一块巨大的云正在楼顶移动。

它的面积约有两个篮球场那么大，整体呈暗红色，发着血红色的光。这块云每隔一段时间就发出一次强烈的红光，并发出低沉的响声。

那云的内部竟喷出了一团火，异常猛烈。当时时间是20时45分。

云到底是什么

第二天，刘强才知道还有其他人看到了这片云，不同的是那人看到的云在他家的南面，他看到云是在20时40分左右。几分钟时间竟移动了几百米，而且还是如此庞大之物。于是，他们推测它绝不是云，因为云不可能移动这么快，也不会如此巨大、独特，而且还能发光喷火。

后来，刘强又看到了在巴西里约热内卢上空出现的云层状飞碟和一艘飞碟母船的照片。他想，这块云一定是云层状飞碟母船的一种。刘强两次目击的飞碟都具有一定的特点。

第一次看到的飞碟如果不是红色，那么有时人造卫星也会出现上述情况，但人造卫星在黄昏或黎明前可以看到，颜色一般为普通星光色，虽然从时间上看，正是黄昏时间，但是红色却不好解释。因天空晴朗，外层大气一般不会折射出红色光。也就是说，当大气层水气较大，并且光入射角较小时便会折出红光，如雾天早上初升的太阳便是红色的。

第二次有些像积雨云，但是等离子火球也是产生于阴天云层，所以云在火烧云时也会变成红色。

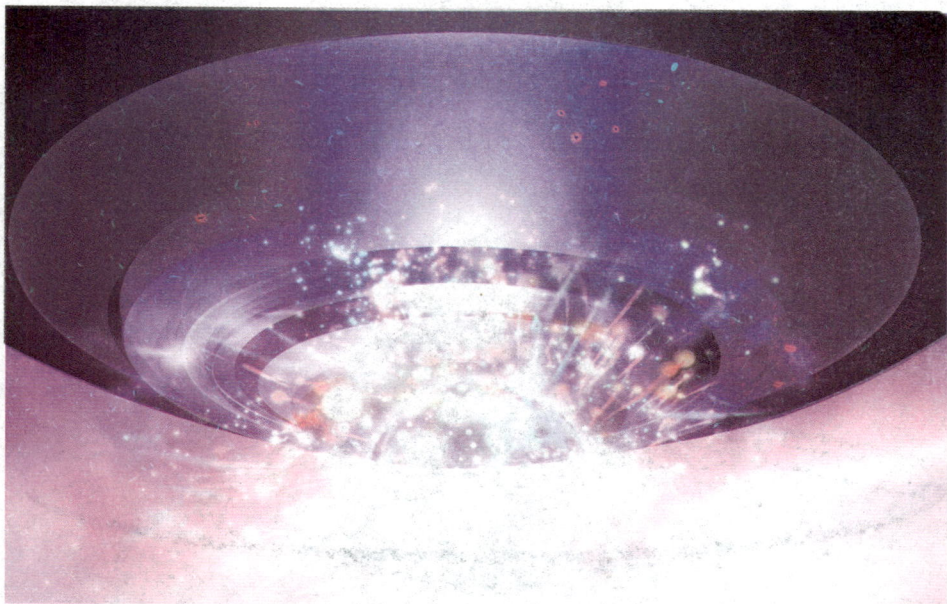

刘强两次看到的云层碟状物虽然都很像UFO，但也有理由说是某种自然现象。

高级记者怀疑飞碟

飞碟是否真的存在？这是人们最关心的问题，也是人们感到最迷惑的问题。人们不断因为这个问题展开争论。有人认为UFO存在，而有人认为并不存在，也有一部人认为是人类的幻觉。至于谁对谁错，待科学探索之后方能揭晓。

《航空周刊和航天技术》杂志的高级记者菲利普·克拉斯是世界上有名的飞碟怀疑论者。他从1966年起就开始调查飞碟事件，并已完成《UFO验证》和《UFO解释》两部著作。

克拉斯先生花费了15年的时间调查了最著名的UFO事件及其目击者，但是他说："没有任何一个事件能使人相信有来自外星的飞船访问过地球，也没有一个UFO的证据能够站得住脚。"

自1947年第一个关于飞碟事件的目击者以来，所有的照片中没有一张是清清楚楚的，几乎全部都有被伪造的痕迹。他说："我们现有的UFO照片可能是任何一样东西。比如是天空中的闪电，或

是用高速快门相机拍下的空中的冻盘。在200位声称登上过UFO的人中，没有一位带回一件纪念品或其他什么东西来作为证据。"

飞碟是人类的幻觉

否定飞碟存在的一些学者给一些飞碟目击者和绑架事件做了多少有点儿合乎情理的解释。据美国在长滩的加利福尼亚州立大学的英语教授阿尔文·劳森的研究，那些声称曾登上飞碟的人可能是经历了某些常见的精神恍惚症状。

他召集了20位对飞碟毫无特殊兴趣的自愿实验者，让他们在催眠状态下想象他们被绑架上飞碟的过程，并让他们画出外星劫持者的草图。这些想象的图画和人们实际报告的那种飞碟上生灵的形象非常接近。

另外，关于与飞碟接触的报告和各种不同的精神及心理现象，如吸毒引起的幻觉、临终前在病床上对死后的梦遇等均有相似之处。

那些所谓的被绑架者和自愿做催眠实验者报告的飞碟生灵分为6种类型：人、类人体、动物、机器人、外来人、鬼怪。这项研究说明，那些报告自己被绑架的人至少是经历了梦幻、临终前的幻觉或精神变态。

虽然他们没有撒谎，但他们的经历并不是真实的。

延 伸 阅 读

磁探测器是一种采用磁梯度原理探测地下磁性物体的准确位置的探测器，特别适用于农业动态监测体系中磁标的探测。它包括具有传感线圈、激磁线圈和反馈线圈的探头以及各种电路。

奇形怪状的飞碟

梨形的物体

1955年7月22日，在美国俄亥俄州辛辛那提，当E·M先生正蹲在靠近一棵桃树的地上修剪草坪时，突然一个暗红色的东西飞了过来。他抬起头，看见了一个梨形的物体，在大约300米的高空缓慢地自西向东移动。

当他抬头观看的时候，他的双手和手臂都感到被烧得很痛。但是，当他用水洗过以后，疼痛感就立刻减轻了。

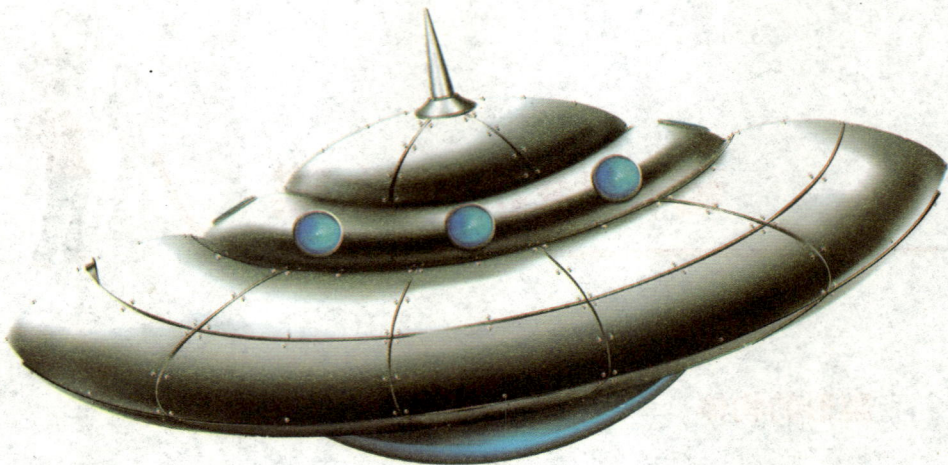

第二天，M先生去检查桃树时，发现大部分树叶都变黄而落下来了。那些细树枝和大树杈也非常脆弱，桃树似乎被石化了似的。树干变得非常坚硬，很难用指甲抠进去，树底下的草也都枯死了。

发着蓝白色光的物体

1964年6月14日，美国印第安纳州的查理斯·英格尔布里奇特先生家的电视机和所有房间的电灯都突然熄灭了。于是，他走到外面，看见了一个直径有1.8米长、发着蓝白色光的物体，落在离他大约18米远的地上。

当他想要接近这个物体的时候，就感到被电流轻微地击了一下，站在原地不能动了。后来，人们在现场发现了一块被烧过的地方，地上有一个呈三角形的压痕点，压痕的深度和直径都接近1英尺。在这个物体的周围，所有的樱桃树和花园里的植物都枯死了。

带圆顶盖的物体

1967年5月20日，在加拿大曼尼托巴省法尔孔湖，52岁的斯蒂芬·迈凯拉克看见两个带圆顶盖的物体在天空飞行。其中的一个在40米远的地方降落，而另一个则在云层中消失了。

这个物体直径有10.5米，上面有像通气孔似的窗口。每扇窗长约为0.15米，宽约为22.5米，并有30个小孔。他企图从一个孔朝里面看，结果被一股热流击倒在地。1分钟以后，这个物体消失了。其后，他病了很长一段时间，腹部被烧伤，人们在现场发现了一处很大的压痕。

蘑菇状飞碟

1984年1月15日10时左右，一支部队在甘肃省东北部老爷山进行军训休息时，一位战士突然大喊一声："飞碟！"其他战士急忙朝着所指的方向看去，果真有一个大伞盖似的发光体，它呈蘑菇状，伞盖下有一根粗大的柄，整体为金黄色，它悬停在空中，当时刮着三四级西北风，但它却停在那里一动不动。

一两分钟后，它开始向北方移动，速度越来越快，最后突然熄灭，消失不见了。

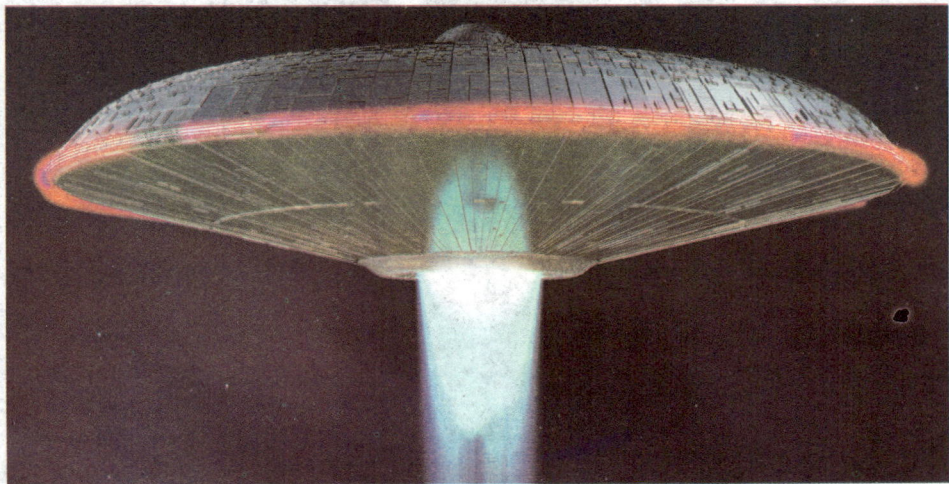

圆形飞碟

1973年5月22日3时，美国41岁的巴比罗开着车子回家。那天的天气很不好，下着雨。为了打发寂寞，他打开了收音机。当汽车接近一个小山坡的时候，收音机突然没有声音了。他调试着收音机，就在同时，车子引擎的响声慢了下来。就在这时，他看见车子里有一束明亮的圆形蓝光，直径大约有0.2米。蓝光在慢慢地移动，掠过他的工具箱、座位。当这光掠过工具箱上面时，巴比罗居然可以看到引擎。

巴比罗十分疑惑："为什么月亮有这样奇怪的光学能力呢？"

他想起来了，车外正下着雨，而且天空乌云密布，哪有月亮呢？就在这时，巴比罗突然发现有一道明亮的蓝光，从正要上去的山冈照向他。光源在迅速地接近他，越来越明亮。

他以为是一辆货车正在迎面驶来，赶紧把车子开到路旁，开亮车灯，以免相撞。然而，这辆货车却不顾一切地继续向他

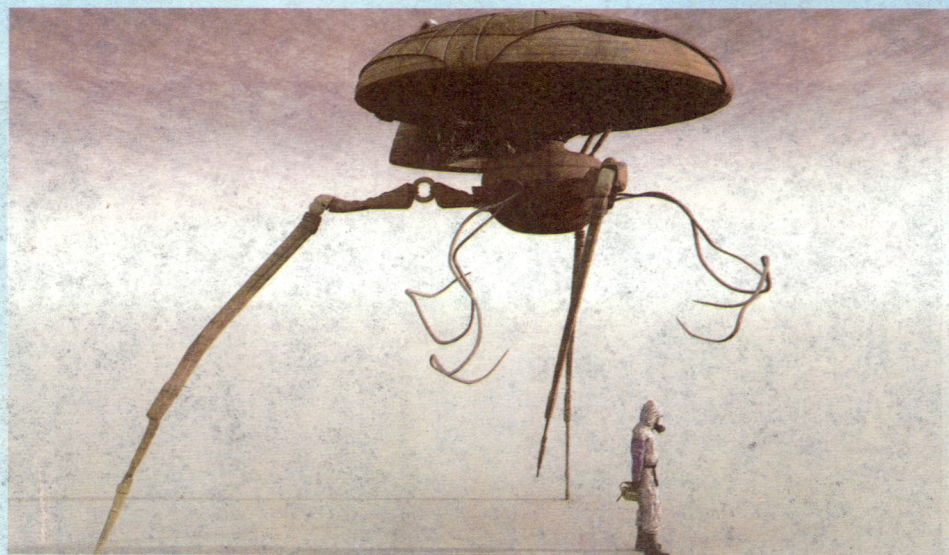

接近。

　　巴比罗在车子里待了一会儿，发觉这辆货车并没有经过。就在这时，他突然看见在车外约15米远的地方悬着一个物体。他认为，这是一架要降落的直升机。

　　此时，他感到闷热和窒息，想透一下气，就开了车门走到车外，但外面还是同样的闷热，令人窒息。

盘子状飞碟

　　他抬头往上看，听到一阵"嗡嗡"的声音。这个时候，巴比罗才恍然大悟，他看到的不是一架直升机，而是一个没有见过的奇怪物体。这个物体像两面隆起的盘子，约有7米厚，11米宽，表面呈黑灰色。盘子的内部异常明亮，但却看不到光源。

　　巴比罗发现有一个透明的布幕把这个物体包围了起来，闷热和窒息的感觉消失了。此时，有一根管子从物体底部伸向地面。

　　巴比罗感到很害怕，惊慌失措地跑向树林。他觉得有东西在抓他的背，像有个橡皮套索围困着他。他奋力挥动着手臂，竭力想挣脱抓着他的东西，但背后并没有什么东西。

巴比罗转过身来，看到背后的车子。那个奇怪的物体还在，有一道蓝管子似的光柱从物体底部的边缘射了过来。

当这道蓝光碰到他的车子时，怪事发生了，他能看到引擎、座椅和整个车子的内部。

他绞尽脑汁也无法理解所看到的现象。由于心情的极度紧张，他昏倒了。当天下午，巴比罗在医院时感到后背及臀部轻微发痒。第二天，发痒的地方皮肤开始出现不规则、无痛楚的蓝紫色斑点，在臀部地方的斑点更大而且更明显。不久，这些斑点变成黄色，很像淤伤。

医学博士在对他的身体进行了认真的检查之后，肯定巴比罗的心理状态和环境适应力都很正常。

经过一系列的化验和分析，在斑点上找不到任何异物，脑电图也很正常。后来，医生对巴比罗进行了催眠实验，让他在催眠状态下叙述发生的事情。

实验的结果肯定了这个奇怪事件的真实性。看来外星人对人类并没有什么恶意，而是像人类一样，具有探知一切的好奇心。他们掌握的一些手段，如透视的蓝光，是人类所没有掌握的。

不同形状飞碟的分类

飞碟研究专家将目击者所看到的飞碟以大小来分类，从小型迷你型飞碟到大型飞碟，它们形状各异。

假设飞碟是外星人所乘坐的飞行器，那么可能由于不同的用途，而有各种形状和大小的区别。按照目击案例由大到小，可将飞碟分为如下几类：

超小型无人探测机：大多直径为0.3米。大的飞碟会飞进房屋内，在标准大小飞碟出现前先发现这种小飞碟的情况居多，通常为球形或椭圆形。在马来西亚曾发现过迷你型飞碟载有矮小的外星人，所以不能断定迷你型飞碟是无人探测机。

小型侦察机：直径在1米至5米左右，曾有人目击到这种飞碟着陆，并从飞碟中走出外星人，外星人还在降落点附近进行各项调查。

标准型联络船：直径在7米至10米，甚至更长，大多数为圆盘形，是最常见的不明飞行物，可能是供外太空与地面调查的飞

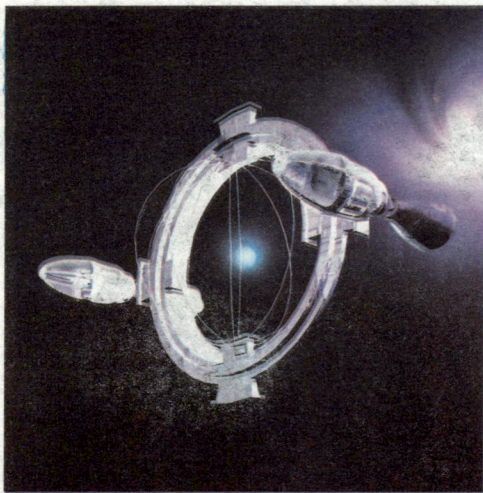

碟互相联络用的，地球人被绑架到飞碟的事件，也几乎都发生在这种类型的飞碟上。

大型母船：直径为几百米至几千米以上大小的飞碟，以圆筒形及圆盘形居多。大多是在几千米至20000米的高空被看到的，没有降落在地面的目击案例。

由于有许多目击者指出，有小型或标准型的飞碟飞进或飞出，因此这类最大的飞碟被认为可能是飞碟的大型母船。

若按照外形来区分，则飞碟至少可分为十多种，为什么有这么多形状的飞碟呢？它们各有什么样的功能呢？到目前为止，不明飞行物专家们尚未找到其中的原因。

延 伸 阅 读

1957年7月30日，在加拿大安大略省加尔特，15岁的少年杰克·斯蒂芬斯在他家附近看见了一个圆形的、顶部有盖的发光物体，在地面上空飞行了大约45分钟。它不断地转动着，然后很快又不见了。

飞碟与人类接触

麦克默多和鲍勃的发现

麦克默多和鲍勃在非洲的奇特经历使许多人感到不可思议，一时间飞碟很少光临的非洲大陆也被罩上了一层神秘的面纱。

一天的下午2时，麦克默多和鲍勃正沿着一条不大的河流逆流步行而上，麦克默多突然发现正前方有一闪光的庞然大物，鲍勃也发现了这个情况。两人不知是什么东西，就好奇地藏在树丛后观看。看了一会儿，麦克默多说："我以为是一个大皮球，但实

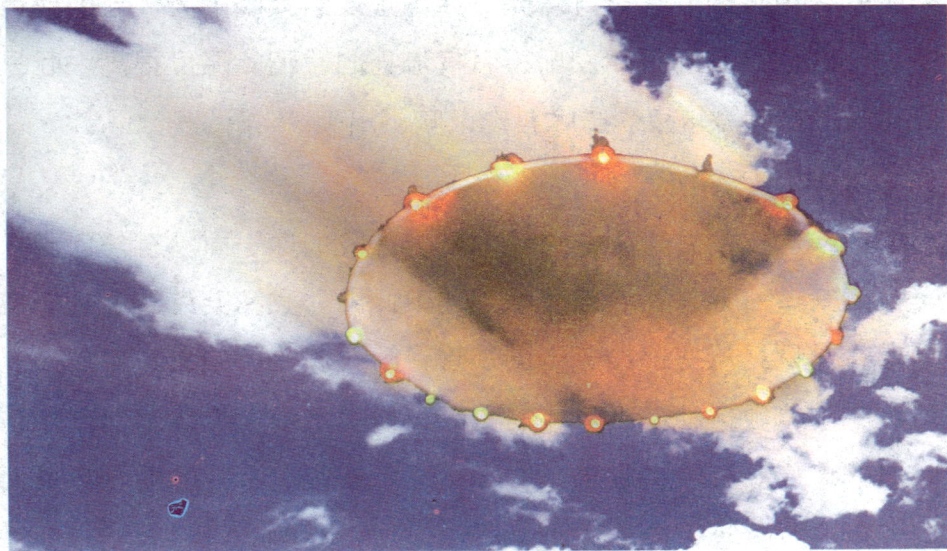

际上却棱角分明，它自身发光，并不是反射太阳的光。光的颜色是白色的，后来那东西发出一股气流扑向我们。温度很高，我只觉得嗓子被刺激得直想咳嗽，却又咳不出来……"

飞碟在传热吗

"就这样，它整个密封着，至少在我们这一面没有任何窗户之类的开口，只是在底部有几个支架伸出。我和麦克默多正恐慌地望着，只见从底部探出一支软管，闪着淡蓝色的光，并且插入河水中不停地抖动。当时我的右脚正插在水中，忽然感到一阵钻心似的疼痛。我跳了起来，右脚已成了黑紫色。我的朋友吓得大叫一声，他说他从来没见过这么可怕的颜色和伤势。"

　　"我又看了一眼那物体，软管周围的水竟冒出气泡。我非常害怕，背上鲍勃就准备逃跑，可腿又迈不动，一用力就瘫倒在地上。可怜的鲍勃疼得直叫。我的身体像轻微被电一样浑身发抖，而且非常恶心！我又试着站起来，这次没什么问题，我背上鲍勃就往回跑，一直跑到我们的汽车前。"

　　在记者的询问下，两人谈起接下去发生的更奇特的事，他们在驱车返回的途中脸色惨白，鲍勃大声呻吟，麦克默多则六神无主。这时UFO再次出现，一个直径达4米的圆形球体悬浮在两个人的视野之内，它与上次的有些区别，发出柔和的淡蓝色的光，比较强，并且好像在变换着强度，强弱不太分明。两人吓得一动不动，紧盯着那静止的发光体。此时鲍勃感觉右脚不像刚才那么疼了，但两眼仍紧盯着那奇怪的东西。

　　"车子不知什么时候在接受检查。我没有不舒服的地方，相反却有种飘飘然的感觉。我的手

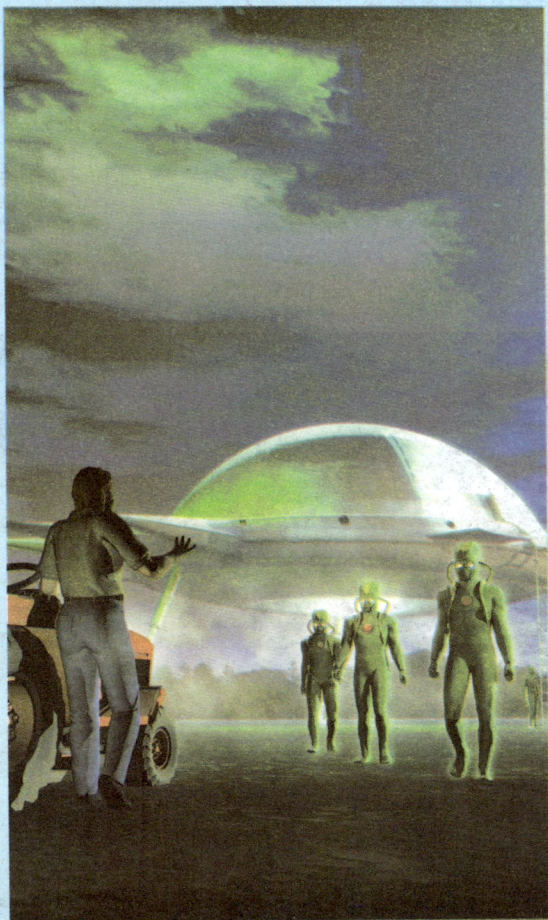

放在方向盘上，但并未感觉到它的存在。也不知过了多长时间，我……"

麦克默多显得很费劲地想着，回忆出当时的情景，"后来，我们第一次见到的怪物出现了，它好像是从我们后面过来的。那小的斜着飞到大的背后，大个的好像是旋转起来，白光闪闪地一拐弯飞上了高空。再没看到小的，它可能是藏到大怪物的肚子里去了。车子又发动起来，我直接开车回到了基地。一路上，我那可怜的朋友却再没有发出呻吟的声音……"

农场主的奇遇

莫里斯先生世世代代是瓦朗索里的农场主。1965年7月1日，他像往常那样起得很早，开着拖拉机到田里耕地。不知不觉太阳升高了，莫里斯先生感到有些累了，他便坐下来，准备抽支烟稍事休息。一阵奇怪的、好像钢锯锯金属的声音传了过来，莫里斯

先生循声望去，80米外的薰衣草地停着一个古怪的东西。莫里斯先生以为是架直升机，后来又觉得像一辆多菲纳牌轿车，他弯着腰偷偷地靠拢过去，看清楚了，那东西从未见过。

它是一个形状古怪的椭圆体，像一只巨大的蜘蛛趴在那里，里面还有两个小矮人，莫里斯突然有一股冲动，朝那个物体走去，那两个小矮人的面目也清晰可辨了：

他们的脑袋特别大，嘴像个小洞，脸形与普通人完全不同，很丑陋。在距离他们5米至6米时，一个小矮人从右侧盒子里拿出一根管子，对准了莫里斯先生。这时候，莫里斯先生感到全身僵硬，动弹不得，如同瘫痪一样一动不动地站在那里。

两个小矮人又咕噜了几分钟，就敏捷地进入了飞行器。莫里斯这时才感到前所未有的恐惧，他仍被牢牢地固定在原地，想动动不了，想喊没有声音，他害怕自己会死在那里。幸运的是半小时后他便可以活动了，然后回到家中。从第四天开始，他一直24小时都在熟睡，并且两只手轻轻颤抖，这种嗜睡症状一直延续了好几个月。

飞碟的拿手本领

使人或生物体瘫痪，正是飞碟的拿手本领。

1963年10月的一个夜晚，在阿根廷的特兰斯卡斯市，3只凶恶的狗和几十只家禽在庭院中被不明飞行物的耀眼光线照得完全瘫痪达40分钟，光线的颜色由红色变成藕荷色，其中一只狗吓得要跳出铁丝栅栏，其他几只卧在地上哀号。

事实证明飞碟的本领是多方面的。他们常常行雷运电，发雾发光，能使人昏迷，也能置人于死地。而人类对他们发动的最凶险的攻击，他们也可将之化为虚无。

1968年7月25日，一个椭圆形、扁平的五色飞碟在阿根廷奥

拉瓦里亚机场上降落，步兵团的4名士兵连忙赶往该地，恰好有3个外星人从飞碟中出来。

士兵们向他们喊："若不投降，格杀勿论！"

外星人丝毫不予理睬，士兵向他们开火了，然而子弹对于外星人毫无作用，飞碟更是安然无恙。

这时外星人拿出一个发光球体射出几束光，士兵们马上被击倒在地。等士兵们恢复神智时，飞碟早就飞走了。

美国纽约停电事故

还有一种威胁严重地影响了公众的生活，那就是大规模的停电事故。

1957年11月9日，当一个燃烧的圆球体向低空下降时，各个电器和电网的电压就开始急剧减弱。

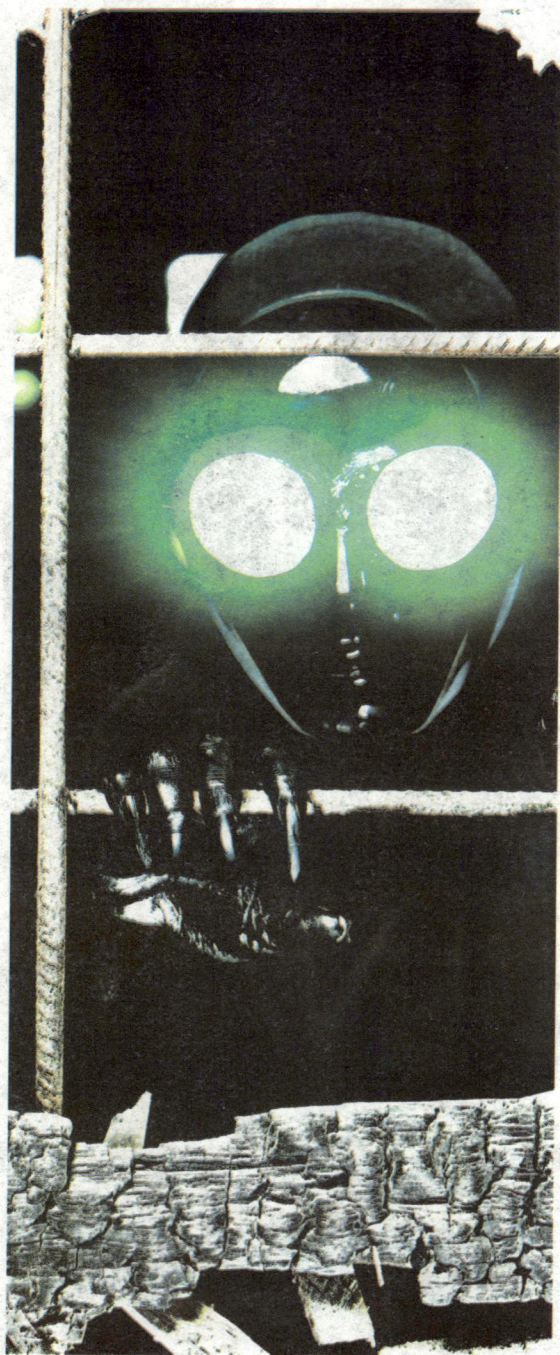

汉考克机场的几位工作人员看到了一个不明飞行物，沃尔什也发现了，那是一个十分巨大的物体，它缓慢地在低空飞行。

罗斯和詹姆斯·布鲁金吃惊地发现，那个"通红的火球"离开了地面。它直径30米左右，它急速飞行，瞬间便消失在夜空。据罗斯判断，那个不速之客悬停的位置在克莱配电站上空。停电事故使600列地铁火车停驶，60000人被困在漆黑的隧道里。此外，数以千计的人被关在电梯中。

市内桥梁和地铁隧道一片混乱，大小汽车你挤我撞，交通事故一个接着一个。那天晚上，拉瓜迪亚机场勉强飞出了几架飞机，但肯尼迪国际机场只得取消全部航班。

事后，曼哈顿和纽约市的救护车全部出动，医院急诊室里被挤得水泄不通，疯人院里的床位都被抢订一空。据一则消息透露，连圣帕特里克大教堂里也住满了精神失常的人。

当时，有人认为是敌人发动了闪电战，也有人认为是天外来客入侵了地球。

是飞碟捣的鬼

大家议论着这次波及8个州的停电事故。要知道，纽约周围的电网可都是新设备。几家发电公司的负责人纷纷在电台发表谈

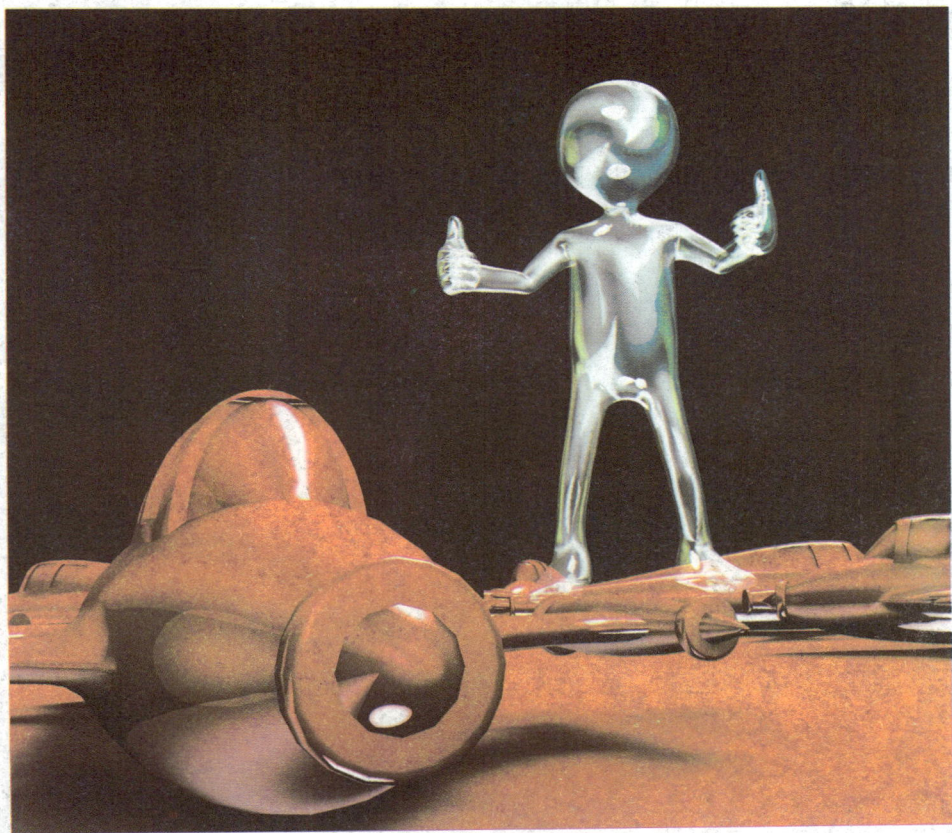

话，表示不理解这次事故的原因。

翌日清晨，各家报纸都把昨晚目击到的飞碟说成是罪魁祸首。美国全国广播公司评论员弗朗克·麦克吉在电台里播放了一份新的飞碟目击报告。

麦克吉说，在大停电事故前夕，一名飞行员曾看到一个红彤彤的球体在尼亚加拉瀑布城电厂附近的上空飞行。美联社立即转发了这条消息，许多报纸都做了报道。11月15日上午，纽约《美国人杂志》就锡拉丘兹《先驱报》的文章发表的长篇评述指出，此次事件是由飞碟造成的。此后，人们普遍认为，是外星人派来的飞碟截断了我们城镇的电流。

经过长期调查，专家们私下里认为，只有一种解释，就是有一股强大的电磁波袭击了电网，并在很短的时间内产生了超高压电，烧毁了克莱配电站和亚当—贝克变电站的相应设施。

延 伸 阅 读

美国是世界军事强国，五大洲的任何一个国家的军事实力都无法与其匹敌。但2010年的某天，美国却有50枚核弹突然与控制中心失去联系，险些导致导弹乱飞。军方称是电力原因，但是有专家称是UFO导演的一幕闹剧。